竖向绿化

Going Green with Vertical Landscapes

[越南]武重义 (Vo Trong Nghia)
[日本]丹羽隆志 (Takashi Niwa) / 著

付云伍 / 译

竖向绿化

Going Green with Vertical Landscapes

［越南］武重义（Vo Trong Nghia）
［日本］丹羽隆志（Takashi Niwa）/著

付云伍/译

广西师范大学出版社
·桂林·

images
Publishing

目录

前言

[越南] 武重义　[日] 丹羽隆志

在森林里，我们可以看到竖向生长的野生植物，而在城市中，居民阳台的绿化也早已司空见惯。然而，对于建筑师和设计师来说，竖向绿化似乎仍然是一个生僻的话题。

2016 年，在意大利进行的一项大奖赛的决胜阶段中，我们展示了"南岸巴比伦酒店度假村"的项目（图 1），阐释了我们在热带气候条件下的绿色外墙开发策略。这座酒店的绿色外墙极具特色，充当了一层额外的皮肤，将建筑与周边的环境自然融合。同时向游客展现了当地植物的迷人魅力。越南的热带气候非常适合这些植物的生长。茂密的绿色外墙覆盖了整个建筑，遮蔽了耀眼的阳光。

与传统的设计方法相比，这种方法似乎更令人困惑，其中的一位评委（也是建筑师）惊讶地问道："建筑师们能为绿化设计做些什么呢？"

我们的回答非常简单。在我们看来，绿色植物并不仅仅属于景观，我们还将其作为一种建筑的材料，与砖石、钢板这样的装饰材料有

着相似的作用。这种材料不仅丰富了人们的空间体验，还为城市的环境带来了诸多利益。

当我们完成此书的时候，可以信心十足地宣布，这一思想已经成为21 世纪未来建筑的流行设计方法。

我们为什么采用绿色植物

世界的高速发展引发了众多的城市问题：例如绿地的减少、电力和食物的短缺等。城市建筑正在向高层化模式发展，打破了原有的社会结构，而基础设施的建设仍然滞后于城市的发展速度。在越南，我们面临着同样的问题。

我们的武重义建筑事务所（VTN Architects）已经在越南对绿色建筑进行了大量的尝试与实验。这要感谢东南亚理想的热带气候，它提供了足够的阳光、炎热的天气、高降水量和湿度。一直以来，这片土地就以茂密的热带丛林和生物的多样性而闻名于世。

图 1 | 南岸巴比伦酒店度假村的绿色外墙

图 2 | 绿色双层皮肤系统

为了让热带地区的建筑实现低能耗，栽植的绿色植物形成了建筑的另外一张皮肤，对内部的环境起到了调节作用。

每栋建筑的绿化率目标都要超过建筑面积。为此，建筑的外墙和树木都被用于建筑的绿化。

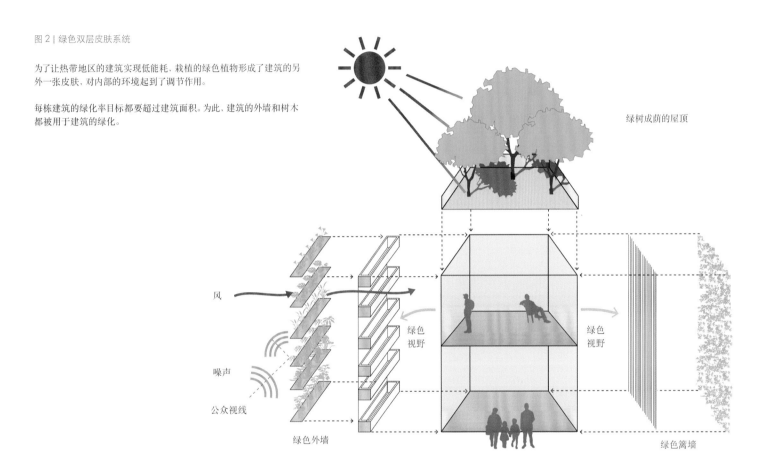

绿树成荫的屋顶

风

噪声

公众视线

绿色外墙

绿色视野

绿色视野

绿色篱墙

高速的发展、城市的扩张和商业化浪潮已经在越南引发了一系列严重的问题。一些主要的城市面临着人口增长和房价飙升的问题。噪声和空气污染正在使生活环境不断恶化，而洪水、干旱和高温的风险也让城市生活的舒适度每况愈下。此外，森林正在被滥砍乱伐，河流也不幸被人类的活动污染。

另一方面，越南传统的乡村住宅都依偎在自然环境中，类似蔬菜园和小鱼塘这样的设施为人们提供了新鲜的食品和舒适的生活环境。因此，这些村民们从儿时便养成了喜爱绿色植物的天性。在搬到城市之后，尽管生活空间有限，他们仍然在阳台和屋顶上布满了花架和花盆，试图创造一个被绿色环抱的居住环境。我们还经常看到人们在街道两旁的树荫下品茶聊天。

在这样的背景之下，我们作为建筑师就应当肩负起责任，为人们提供尽可能与自然亲近的生活空间。我们相信城市与自然能够并应该和谐共存。我们的目标非常明确：提高城市中绿色植被的数量。同时，这也是我们为人们改善景观环境的美感所追求的目标。

虽然人人都知道绿色植物带给我们的好处，但是我们认为还是有必要在这里再次提及它们的益处。

绿色植物能够改善我们的生活环境、净化空气和过滤噪声。此外，通过提高蓄水能力和减缓雨水的排放速度，降低了城市遭受洪水和干旱的风险。同时，菜园还增加了耕地的面积，提高了食物的自给自足率。

另外，通过为建筑创建额外的一层绿色肌肤，在不使用绝缘措施的情况下，为用户提供了更为舒适的室内环境。我们将其称为"热带双层皮肤系统"（图 2），它能为建筑屏蔽炽热耀眼的直射阳光，降低建筑内部的热增益。同时，它还通过绿色植被修复了越南城市的自然环境状况，使人们重归自然。

由于得天独厚的热带气候，这种绿化方式通过简单的低技术含量手段就可以实现。除了丰富的资源，它还带来了诸多的环境效益，非常适合当地居民的生活方式。

通过绿化项目得出的经验

通过大量的建筑设计经验，我们相信自己的方法为广大的市民带来了无尽的利益和快乐。

一般来说，尽管植物吸收二氧化碳的能力很强，但是"绿色建筑"并不等于"带有绿色植物的建筑"。典型的可持续性或环保型建筑是以能量效率为衡量标准的。我们曾经对这种绿色建筑的方法心存疑虑。通过对绿色植物的有效和适度运用，以及探讨如何降低建筑的能耗，可以实现绿色价值和建筑的最佳效果。我们意识到能源效率对于可持续性发展的重要性，但是，这并未使用户直接获益。我们认为，可持续性建筑的标准并不仅仅体现在那些统计数字上，还应当考虑那些看不见的因素，例如我们的感受和空间氛围。

与石材和木料这些天然材料一样，绿色植物也会随着时间的推移老化和发生变化。一旦我们为植物的生长提供最为适宜的条件，它们最终将展现出作为建筑材料的宝贵价值。当然，用户需要精心照料这些植物，但是更多的维护工作重点仍然是建筑。我们认为这是为建筑播下了爱的种子，就像人们照顾孩子一样对待那些建筑和植物。

2012 年，在一个住宅改造项目中，我们通过"绿色装修"的方法，用绿色外墙覆盖了这座具有 15 年房龄的住宅。我们发现，这里的居民每天早上都喜欢打开窗户和窗帘，迎接怡人的清风和光影交错的绿色枝叶。随着时间的流逝，人们对空调的使用显著减少，最终将耗电量降低了一半（图 3）。

绿色植物催生了一种生活方式，让我们与大自然的接触更为亲密，同时还减少了能源的消耗。

此外，它也让邻居们获益颇丰。在我们的经历中，他们在施工期间对我们的抱怨几乎成了家常便饭。然而，当这些植物生长繁茂之后，他们便开始赞赏我们所做的努力，并希望自己的住宅也能变成这样。

城市中的绿色植物也是增进交流的种子，除了提供美丽的景观和芬芳的气味，人们还可以交流植物的种植知识和经验。年长的人们会把自己的想法和技能传授给年轻的一代。孩子们也会接触到种植的知识，并会因为收获了自己的劳动果实而获得满足感。

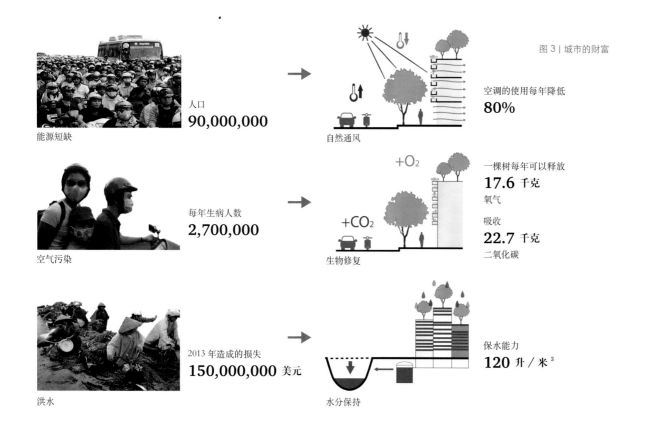

图 3 | 城市的财富

能源短缺　　人口　**90,000,000**　　自然通风　　空调的使用每年降低 **80%**

空气污染　　每年生病人数　**2,700,000**　　生物修复　　一棵树每年可以释放 **17.6** 千克 氧气　吸收 **22.7** 千克 二氧化碳

洪水　　2013 年造成的损失 **150,000,000** 美元　　水分保持　　保水能力 **120** 升／米³

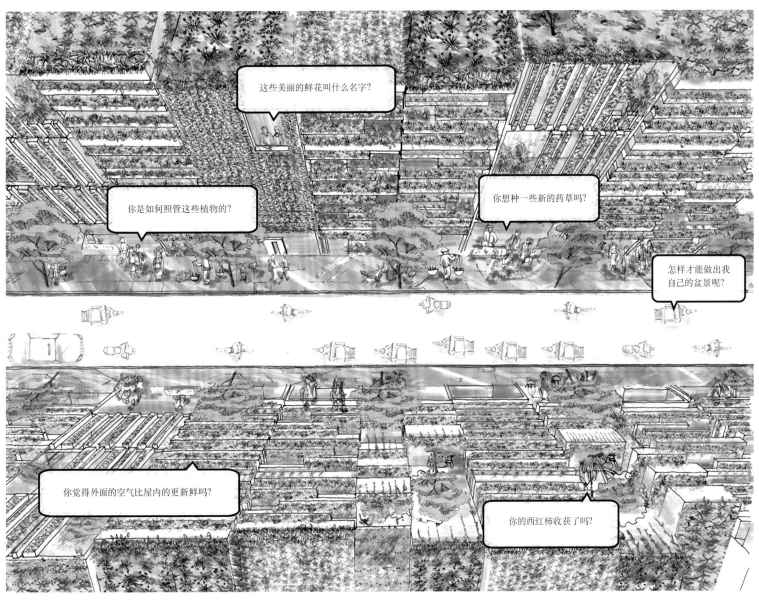

图 4 | 怀旧的未来城市

另外，粮食安全以及我们对食品进行更为密切关注的渴望，促使都市农耕运动正在全球范围兴起。都市农业与建筑整合的理念也许很快就会被人们接受。在越南，随着中产阶级市民越来越关注自身的健康，对食物来源的了解也日益变得更为重要。因此，对都市农耕的需求及其发展潜力正在增长，使居民成为这一过程的重要部分。

不只是人类从建筑的绿色植被中获得了众多的利益在清晨和傍晚，无数的小鸟聚集在一个被我们称为"树屋"的项目周围，居民们可以尽情欣赏百鸟齐鸣的美妙旋律。

然而，我们也深知植物偶尔也会给用户带来一些麻烦，例如落叶会引起排水系统的堵塞。但是我们相信，这种问题也是一个大好时机，用户可以与邻居们一起通过交流去解决问题，分享植物带来的利益。

设想一下，如果我们将这一绿化理念应用于整个城市，对于发展中的越南城市来说，将会拥有一个前景美好的绿色未来。

怀旧的绿色城市

胡志明市的武重义事务所在 2013 年提出了"怀旧的未来城市"这一想法，这是一个试图通过绿化促进胡志明市发展的城市设计项目（图 4）。绿化的城市保留了越南独有的城市风貌，并创造了友好的城市景观，缓解了电力短缺，减少了洪水泛滥，降低了空气的污染程度。

作为一个热带国家，越南的城市拥有丰富的自然资源，例如阳光、淡水和风力。此外，越南人有着强烈的社会公共意识，从充满活力的街道上便可明显看出这一点，这也是高密度城市导致的结果。"怀旧的未来城市"提出将乡村的环境氛围进行延伸和扩展，并由一系列的绿色建筑构成。具有绿色外墙的建筑使具有社会化、绿色和低能耗特点的城市变为现实。

大多数生活在大城市的越南人都对乡村的生活方式有着怀旧感。但是，随着城市化进程的加快，越南已经错过了大多数西方国家比较普遍的郊区化发展机会。从郊区生活方式向密集、方便的城市生活方式转变是一种全球趋势，似乎也成了竖向绿化运动的推动力。郊区的园艺师们渴望城市生活的便利和刺激，但是对园艺工作仍然恋恋不舍。因此，竖向绿化逐渐兴起，这一运动在东南亚注定要深受欢迎，因为那里正在流行一种模仿绿色植物的趋势，人们通常使用仿造的绿化墙体或者将绿草印在瓷砖上。

在胡志明市，人均公共绿地面积的占有率仅为 0.25%。为了在不破坏城市社会结构的前提下提高这一比例，就不仅要利用屋顶花园，还必须充分利用树木和绿色外墙来增加绿化面积。我们之所以采

用"怀旧的未来"¨这个词，是因为这一思想试图将城市生活方式与传统的生活方式以及未来交织在一起。

我们已经根据东南亚的气候特点，开发了"热带双层皮肤系统"。绿色植被层对阳光、大风、噪声和私密性起到了控制和过滤的作用。这种气候提供了充足的降水和阳光，利于植被的生长。

除此之外，保水性还降低了洪水的危害和城市中的热量聚集。茂盛的植物还提供了令人愉悦的室内外景观。观赏绿意盎然的植被必定有利于人们的心理和精神健康（图 5）。以 LEED 评级系统为例，

图 5 | 黎平（Lebinh）住宅

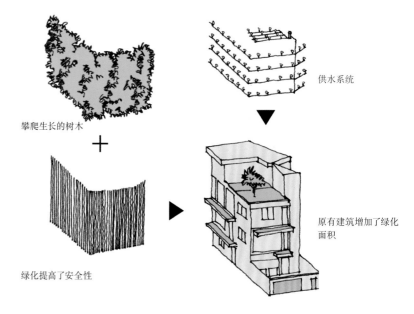

攀爬生长的树木

供水系统

绿化提高了安全性

原有建筑增加了绿化面积

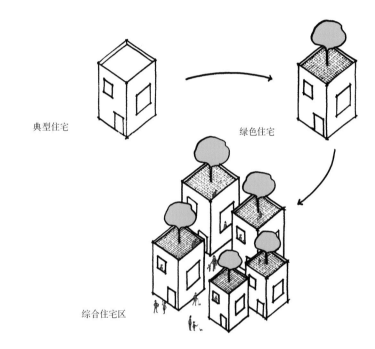

图 6 | 树屋

典型住宅

绿色住宅

综合住宅区

分值的获得不只是凭借外部景观的印象，还要考虑动植物群落和天空的品质等因素。与此同时，诸如蔬菜、水果和鲜花这样的副产品还有助于人们的健康，并提高家庭和邻里的社会财富。

我们希望通过本书后面展示的案例研究，与大家分享武重义事务所将绿色植物与外墙和屋顶相结合的设计方法。覆盖着各种热带植物的外墙也显示了居住者与周围邻里之间形成的身份认同感。

通过展现所取得的高效性和舒适性，我们现有的绿化项目促进了绿色环保城市的发展。绿化项目的增加也是消除热岛效应（UHI）的有利工具。这一效应是由于人类的活动引起的，都市中的温度明显高于周边郊区。目前，我们正与政府合作，制定加速城市绿化进程的激励措施、相关规定和目标。绿化的相关规定降低了政府的财政支出，在建设现代化城市的同时，减少了拆除现有社区的需求。

正如"树屋"项目（图 6）所展示的，这种设计方法不仅为居民带来了利益，也给当地的生态系统带来了福音，绿化显然丰富了城市的生物多样性。据一份报告显示，由于新加坡在绿化工作方面的努力，越来越多的鸟类和野生动物正在重返该国。

而且，绿化技术并不需要高科技手段。不幸的是，建筑师却往往忽视这种有益的材料，因为在他们看来，为了创造现代化的城市，我们就必须牺牲大自然。我们希望通过这个"怀旧的未来城市"理念，将植物作为沟通交流的媒介，创造一个让人们感觉似曾相识，具有乡村氛围的社会环境。

双层皮肤系统

在热带地区的国家，低技术含量的竖向绿化随处可见。我们采用的热带双层皮肤系统理念与不同气候条件的国家所采用的双层玻璃外墙系统是截然不同的。后者通常是高科技系统，一般由两层玻璃构成，并在夹层之间设有机械通风系统。这种解决方案在北方国家的玻璃大厦中被广泛采用，并需要配备机械式空调设备。不过，这种解决方案却需要消耗大量的能源。

在热带气候环境中，大部分建筑都不具备隔热的措施，太阳是最大的热量来源。一旦我们用植被将建筑的屋顶和外墙遮蔽，室内就可以免受强光的影响，从而变得更加凉爽。此外，绿化层还允许自然的光线和微风通过，为用户创造了舒适的内部空间 (图7)。

而且，随风而动的树叶能使人们产生清凉的心理作用。摇曳的树叶吸引居民去打开窗户，植物的蒸腾作用也会提供更凉爽和清新的空

图7 | 堆叠式绿化

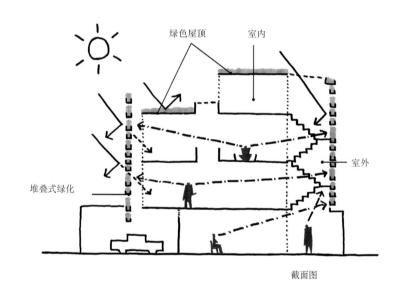

截面图

气。树叶还可以作为天然的窗帘和门帘，遮挡外面的视线和噪声，保护居民的生活隐私。

与双层的玻璃外墙不同，热带双层皮肤系统不是由玻璃制成的封闭式双层系统。它是一个非常简单的解决方案，不需要使用机械式空调。因此，建造和运营成本可以保持在很低的水平。

它还能方便地适应各种规模的建筑，无论是普通的住宅还是大型的建筑。屋顶花园与竖向绿化的结合可以充当建筑的生物皮肤，在塑造绿色城市景观的同时，调节建筑内部的环境状况。

信息技术发展的时代

信息技术是一种十分有用的工具，为人类带来众多好处。互联网实现了方便的在线交流功能，无论相距多远，人们都可以与家人和朋友进行亲密的交流。

另一方面，人们似乎过于沉浸在虚拟世界和网络社会之中，因此忽略了身体的运动。这种情况对建筑设计会有何影响？我们将如何通过建筑展示现实世界的丰富多姿？

我们认为绿化是解决这些问题的一个有效方法。植物能揭示我们的环境状况：翩翩起舞的树叶标志着大风，触摸树叶和青草可以感觉到季节的变化，鲜花的颜色和果实的芳香也是认识现实生活最好的工具之一。这就是绿色植物能够缓解人们的压力，让人们充满积极情绪的原因，从而为人们的生活带来安宁与幸福。

同任何建筑系统一样，绿色植物也需要维护。对于现代的市民来说，与自然的实际接触是非常必要的。我们认为它将引领我们进入更为舒适的未来，而不是在某些反乌托邦电影里看到的冰冷、荒芜的城市。

适合可持续性建筑的应用

在本书中，我们可以看到各种各样的绿色外墙理念，它们都适用于未来的建筑。

为了成功地引入绿色植物，我们需要研究实现可持续性绿色建筑所需的维护手段和环境条件。

今天，我们可以非常容易地获得相关技术和采购各种植物。可是，如果我们不去精心挑选与气候相适应的植物品种，建筑就需要耗费更多的能源去维持这些植物的生长。

另外，绿色植被的维护也是至关重要的。为了建造持久、永恒的建筑，我们根据经验得出的结论是：相对于直接附着在混凝土结构上的植物，盆栽植物是易于实施的更佳的解决方案。这也避免了对建筑结构的损害。通过这种系统，用户还可以轻易地替换树木的品种。由于树木的寿命通常要长于建筑的生命，随着时间的推移而形成的纹理和质感是很难被取代的，这种生命艺术应该得到尊重。对于那些希望将这种方法运用到建筑设计中的建筑师来说，应当考虑为未来做好准备工作。

我们坚信，绿色植被不应只是一种装饰，更是建筑设计需要考虑的重要部分。

虽然我们无法预测地球的未来，但是随着技术的发展，同大自然的交流以及建筑师和设计师的想法是可以实现的。

我们相信，通过这种设计方法引入绿色植被的建筑，将会改善人与自然的关系，并为社会带来更多的益处。

让我们享受这一表达植物为人类贡献力量的旅程吧！

*"怀旧的未来"是由东京的富士幼儿园园长加藤积一创造的专业术语，并由手冢贵晴和夫人手冢由比进行设计。在 TOTO 出版集团 2009 年出版的《手冢贵晴和手冢由比建筑目录 2》一书中，他们解释了基于这一理念的设计方法："未来的建筑不必采用尖端的材料，在空调和暖气主宰的环境中不可能存在丰富多彩的生活方式。地球并不是艰苦的居住之地，在任何定居已久的地方，人们凭借少量的发明和设计就可能拥有舒适的生活。"

绿色屋顶和绿色外立面

[日] 芦泽龙一

介绍

十年——改变目前景色所需的时间。

一百年——形成一种触动人们心灵的风光所需的时间。

一千年——地球的生命力与季节变化相适应所需的时间。

这就叫作风土人情，它是一个可以辨别蕴含在气候与地质环境之间的奇观，并与人类文化息息相关的概念。因此，多样的文化也是我们这个地球上千姿百态的风光和地貌的必然产物。

按照这一时间框架，我们当前处在什么位置呢？在日本绳纹文化时代，无论多么饥饿，人们都只会吃掉少量搜集而来的种子，剩余的种子就用于种植以满足子孙后代的需要。而在美洲土著人的头脑里，至少未来七代人都要依靠土地而生存。这种生活方式带来的好处是持久的，它反映了时间与地点之间和谐共生所需的秩序，以及对这种秩序的理解。

持续增长的人口

全球人口不断增长，而市区的人口密度也正在变得越来越高。这就使得人造表面空前扩大，从而抑制了地球的自然呼吸机制。绿地的减少也直接影响了都市的气候。

风

随着城市的发展，对交通运输的需求日益增加。因此，崎岖起伏的地面大为减少，这也降低了自然风的流通效果。出于实用的目的，当今社会趋向采用基于 X、Y 轴定义的同质性平面空间系统。然而，认真去思考 Z 轴和时间轴的因素，才可能有利于风流的多样性，从而创造环境效益 (图 8)。

温度

如前所述，由于城市地形的变化和沥青表面的不断扩张，绿地面积和开放的土地空间也逐渐减少。潜伏的热量无法通过蒸发和蒸腾作用散发出去。此外，越来越多能够吸收巨大热量的混凝土建筑、吸热的沥青、黑暗的色调，以及来自于汽车和建筑排出的热气，都是城市气候变热的原因。反过来，由于需要采暖和空调系统 (HVAC) 适应城市的温度，也增加了对能源的需求。

湿度

由于城区中的植被总量有限，空气中的水汽大为减少，城市变得更为干燥。绿化地带就像绿洲一样重要，可以保持空气中的水分，为我们带来舒适的环境。

随着空气质量的恶化，对眼前舒适度的追求和对人类需求的关注只会形成一种恶性循环。如果风土人情能够缓慢地形成某种气候条件，那么在大规模城市化的面前，上述有利于城市的环境指标就是适时的和必要的。

绿色屋顶和外墙的益处

在形成上述问题的解决方案之前，有必要回顾以下的问题：当前，人类与地球、城市建设、城市设计、资源的利用水平以及植物生命作用之间的关系。

在城市中，广场、庭院和屋顶的绿化已经由来已久，其益处也得到广泛的认可。可是，还有一种非常现实的竖向表面绿化，这一想法正在引起越来越多的关注。其最显著的优势就是具有比露台和屋顶更大的表面面积，这种区域不依赖于占地面积，其面积随着建筑高度的增加而扩大。现在，建筑也能成为景观中具有生命并可以呼吸的构成要素。

尺寸　　尺寸 + 方向

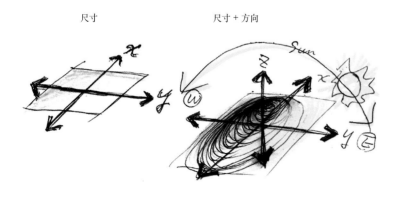

图 8 | 从 X、Y、Z 三个轴向去考虑环境效益

绿化空间的益处已经得到了广泛的证明，并有据可查。人们也认识到了它们对于改善环境的巨大潜力。其中包括美学效应、物理效应、生态系统的恢复、生理或心理上的益处。具有天然色彩和质感的绿化表面在人工建筑材料和周围景观之间形成了一个缓冲区。但是这只是最初的层面，随着季节条件的变化，叶子和鲜花可以提供遮阴和天然的空气处理功能。可以呼吸的建筑在定性研究方面可以告诉我们这些事实。

这些益处包括：减少城市热岛效应的形成条件、净化空气、降低噪声、更好的屏蔽性和改善景观。经过绿化处理的表面为各种昆虫和鸟类提供了大量食物和栖息之地。观赏绿色植物具有放松和缓解疲劳的作用和潜能。而无论是树叶随风响起的沙沙声，还是百鸟齐鸣的叽喳声，都具有同样的作用。

正是建筑表面上经过人工处理的覆盖物，使风景遭到了破坏。让我们再次回到时间框架看一下，在十年到一百年的时间里，风景才能转变成地貌景观，而且对植被表面日益增多的利用才能成为改善环境之路的转折点和基石。

建筑与绿色植物的关系

今天，人们认识到人类与植物之间的关系更为积极活跃。由于二者的起源相同，所以很难将他们的关系完全割裂。

退一步说，我们今天所消费的食物都来自于植物。我们拥有的一切都是植物不同形式的体现——我们的生存也依赖于细胞的进化和植物的适应能力。此外，我们周围的物体，包括建筑在内，都需要来自远古光合作用产生的能量和燃料。长久以来，它们被紧密压实在地下，现已成为地球的组成部分。这里存在着一个基本的真理：我们当前的情况贯穿了植物的进化史并可回溯到植物的起源阶段。因此，如果我们今天所面临的危机来自于植被，那么就城市化危机的严重程度来看，其解决方案也来自于绿色植被。

由于本身就是景观，人们毕竟不会考虑植物自身与景观的关系。同样，建筑中的植被也是如此。以此方式将植物与建筑整合为一体，并成为景观，这种过渡区域的有效性在于，它消除了对内部和外部之间界限的认定，在建筑和自然环境之间形成了一种和谐的中间状态。

技术指导

当一块土地被人类遗弃，自然界的植物和动物将会按照它们自己的逻辑和法则开始一个自然修复的再生过程。无论是多么先进的城市，一旦被遗弃和空置，大自然便会开启呼吸和再生的过程。无论是屋顶、墙壁还是地面，大自然都会不受限制地将其覆盖。

认识环境

土壤侵蚀、水资源匮乏和气候变化都是当前的环境问题。虽然我们承认大自然的智慧和再生能力，但是当人类放弃控制的时候，植物能够使环境得到再生吗？

只有改变我们的观念，并且跳出我们的个人观点，才会看到未被察觉的东西。

水

水资源的稀缺一直被认为是一个严重的问题。

必须要用水来浇灌植物吗？为什么不种植一些由雨水自然滋润的植物呢？

今天，我们可以通过水龙头轻易地获得生活用水，并通过排水系统将其处理掉。人工的水循环系统将有机生物和植物排除在外。在便利思想的驱动下，自然的水循环周期过于急促，流量大为减少，并时常出现中断。而水资源自然形成的更大规模的全球性循环系统也被遗忘。这些新增的人为中断只会破坏理想的自然条件，并将延续下去。除非我们在一个更广泛的框架内去思考问题。

土壤

当前的情况是，土壤侵蚀的速度是再生速度的 20 倍。通过对表层土壤进行测定（或 20 厘米深度的土壤表面），可以确定土壤是否肥沃。土壤表层的有机物为植物的生长创造了适宜的环境，它们的生命周期创造了有机物质链式反应，为植物提供所需的养分。天然的表层土壤每二三百年才能再生 1 厘米的厚度。

植物吸收土壤中的养分，其生长和产出都依赖于养分的转化。并且，为了完成循环，这些养分还必须重新回到土壤中。

在自然环境中，堆积在地面的落叶通过腐烂和分解使土壤得到再生，并回到土壤之中。在城市中，树叶掉落在沥青路面上，随后被收集和处理。这种情形与理想的循环过程相悖，并持续加剧土壤侵蚀的问题。

关联和循环

土壤中的元素是不断循环的——它们彼此之间相互关联，只是被利用的方式和融入循环的方式发生改变。水分子在土壤中的移动将一切联系在一起。太阳能通过光合作用的转化与土壤中的养分结合在一起，并从植物转移到动物体内，然后再返回到土地。地球上的一切元素都在往复不停地循环，其总量保持不变。如果这些元素的移动被迫快于自然的循环速度，循环的进程将会产生中断的风险。

我们的地位和作用

大自然的智慧可以解决任何无法回答的问题。

每一种有机生命体都会进化并适应自然环境。在这个意义上，通过模仿自然，建筑应该形成对自然环境的相同反应。从尊重自然进程的角度出发，将其整合到设计之中，建筑也能实现这种合成机能。

设计和规划

场地分析

为了成功地将自然与建筑结合，需要进行大量的研究工作。对于一个项目的现场区域，研究的范围大约在 500 米、100 米、50 米、10 米、100 厘米、50 厘米、10 厘米不等。

在分析场地条件的时候，宏观研究区域与具体的现场条件之间的关系尤为重要，对二者进行分析可以充分了解场地的自然特性，并且可以不依赖于行政的边界划分进行现场分析。

要创造自然与人类共存的环境，基本的准则就是要了解该地区的生态系统，并适应当地的自然环境。

马来西亚的工厂项目就是始于1000千米范围的调查研究，包括气候因素、地形和地址分析、地区材料和结构的研究，以及场地生态系统情况的全面研究。

在这个特定的案例中，对周边环境的研究引发了规划的基本研究重点。该地位于新加坡海峡的对岸，地处刚刚进入马来西亚的区域。过桥之后，景色变成了一望无际的热带丛林。项目现场坐落在一个与热带丛林毗邻的工业区内。这里高高的绿草为多样的动物群落提供了一个庇护之地。这种浓厚的自然环境触发了这一项目的总体概念，并在整个开发过程中起到了指导性作用。

总体概念的目的是创造一个融于自然的人工环境，在这个环境中不设任何边界，对邻近丛林中的动植物敞开怀抱。通过将建筑与自然结合的方式去创造一个有利于自然恢复的环境，这是一个具有巨大挑战性的概念。

为了保持丛林的连续性，并使丛林中的种子继续在该地生长，我们将地表面提高，把整个工厂都埋在土壤里。因此，整个建筑被覆盖在绿色的地表之下，看上去就像连续不断的自然地面。

气候因素

如何在创造开发计划的同时，还能做到保护自然的和谐？

没有正确利用土地这一坚实的基础，文化就不会存在。地貌景观的特色可以反映在土壤的丰富性上。为了恢复土壤的肥沃性，并使自然得到修复，就必须拥有一个支持生命的适宜系统。

尊重多样性是很重要的，这就需要对自然系统进行观察，并遵循大自然的智慧。对植物、动物、建筑、水和能源这些基本元素之间的关系和相互作用进行思考是非常重要的。每一种元素根据其周边元素的条件而形成了其自身的功能。自然的智慧再一次趋向和谐。

环境要素的方法途径

在分析中，阳光、热量、雨水、植物、动物、人类以及一切自然现象都应该被考虑进去。对这些元素的有效控制称为被动设计，它的运用与环境之间有着更深层次的关联。

位于马来西亚的柔佛项目，拥有巨大的雨林，是典型的热带气候环境，并且终年降雨。鉴于此，降雨就成了设计中的主要元素，从而产生了一个全面的排水方案，使雨水可以向下渗透到下层土壤中的蓄水层。此外，还增加了有机物质，使土壤的养分更加丰富，创造了一个适合植物生长的环境。

对自然元素进行的分析支持了能源的需求，包括雨水、阳光、地热、风能和植被。绿色屋顶（图 9）起到了隔热的作用。

雨水收集器将雨水导入两个位于该地的蓄水池内，以促进其他动物的生存。此外，还设有采光管道，即通过天窗将阳光引入工厂区域。

绿色的墙壁和屋顶与地面和邻近的雨林形成了一种无间断的衔接，促进了有机生物活动的连续性（图 10）。

通过温度差和压力差，空气从主楼进入后可以流通到较低的空间，实现了自然通风。这种自然的气流也改善了内部的热量状况。

主楼的平面呈椭圆形，其长轴设置为东西方向，从而使外墙的太阳辐射降至最低。主楼的四周环绕着一条坡道，将地面与顶层连接在一起，员工可以通过它进行锻炼。主楼覆盖着由线网和藤蔓构成的系统，形成了一道天然的屏障。现在，这种从地面到垂直花园的变化形成了一个物种交错地带，创造了一个综合的生态系统，为物种提供了活动通道。

为了节约能源和产生能源，尝试低能耗的环境系统，该项目有效利用了风能、阳光、雨水等自然元素以及植物、动物和人类这样的生物元素。

绿化表面的安装

排水

在马来西亚的工厂案例中，柔佛属于热带雨林气候，年降水量达到 79 英寸（2000 毫米）。因此，屋顶绿化面积超过了 161,460

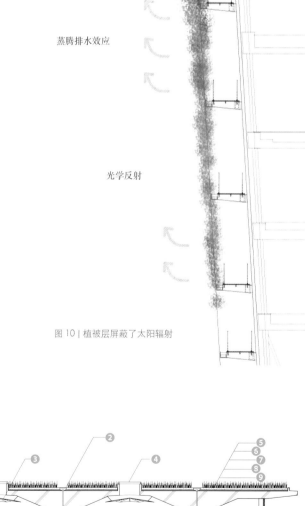

蒸腾排水效应

光学反射

图 10 | 植被层屏蔽了太阳辐射

① 可以收集雨水的排水系统
② 镀锌板覆盖层
③ 镀锌钢板饰面
④ 顶部采光
⑤ 厚度 25 毫米的纤维草皮
⑥ 厚度 100 毫米的纤维沙土
⑦ 厚度 30 毫米的排水单元
⑧ 防水
⑨ 地台砂浆底层 0—60 毫米
⑩ 撒渣面层
⑪ 厚度 110 毫米的砖墙
⑫ 汇聚点
⑬ 连锁装置
⑭ 钢窗
⑮ 雨水回收管道
⑯ 环氧漆饰面

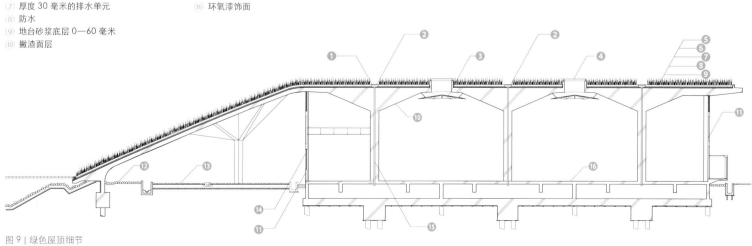

图 9 | 绿色屋顶细节

平方英尺（15,000 平方米），其目的在于最大限度地提高土壤的渗透性（图 11）。

项目在环境方面的意向是有效地使雨水尽可能多地渗入地面，而不是寻求简单的排水方法。为此，必须设计分级的雨水渠道，并对建筑、绿色屋顶、道路和地面之间的接触点进行评估和仔细研究。

从 161,460 平方英尺（15,000 平方米）的绿色屋顶收集而来的雨水，通过设在屋顶底层基板上厚度为 1.2 英寸（30 毫米）的排水系统导入附近的两个池塘中（图 12）。雨水在那里暂时储存并最终溢出。

灌溉

风、温度、湿度、阳光、太阳辐射都是显著影响植物生长的因素。将植物放在不合理的环境中只会增加不必要的工作负担。由此，需要了解明显影响灌溉方式的环境状况和压力，以及用水量和灌溉频率，其重要性是显而易见的。

为了使屋顶的植被能够再生，沿着绿化表面分布了很多洒水器，并按计划设置为只在建造后的前三年里使用。这一时期过后，屋顶的绿色植被仅通过雨水就可以维持自身的生长。

土壤和生长基质——植物生长的基础

为了避免抑制植物生长的水涝风险，就必须考虑一种渗透性极佳，并可以保持充足水分的土壤，以作为植物生长的适宜介质。

为了减轻结构上的负荷，土壤的厚度被设置在植物和有机物生长所需的最低限度。经过研究和培育的土壤成分如下：50% 的沙子、30% 的当地表层土壤和 20% 碾碎的椰壳，这是一种理想的混合成分。随后，这一配方再与一种基于玻璃纤维的制品（英国制造的纤维泥炭）混合在一起。这种特殊的土壤改善了土壤的渗透性和黏着性（图 13~ 图 15）。

图 12 | 绿色屋顶上装配的渠道将雨水导入池塘

① 直径 10 毫米的钢筋
② 钢网
③ G.I. 板
④ 厚度 25 毫米的纤维草皮
⑤ 厚度 100 毫米的纤维沙土
⑥ 厚度 30 毫米的排水单元
⑦ 防水
⑧ 地台砂浆底层 0—60 毫米

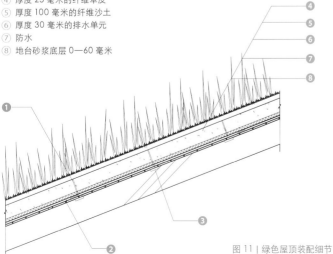

图 11 | 绿色屋顶装配细节

图 13 | 土壤的混合　　图 14 | 出于渗透性的考虑，人们将玻璃纤维与土壤成分混合在一起　　图 15 | 玻璃纤维

图 16 | 土壤厚度样本

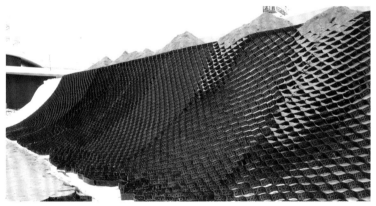

图 17 | 用于地面稳定性的蜂窝状网格结构

土壤的厚度和承重能力

仔细平衡了土壤的重量和成分后，不仅降低了土壤的重量，还为培育植物提供了良好的基础，最终形成的土壤厚度为 3.9 英寸（100毫米）（图 16）。为了确定这种土壤成分的适宜性，我们制作了一个培育植被生长的实际尺寸样本，从而证实了它的适宜性。

土壤的稳定性

作为设计的一部分，屋顶上分布了很多小丘和曲面，这意味着采用了侵蚀控制和斜坡稳定技术。在这个案例中，使用了蜂窝状网格结构以确保地面的稳定性（图 17）。到目前为止，屋顶还没有出现任何土壤侵蚀的问题。

植物的选择和植物驯化的设计

通过对自然的观察，我们辨别出自然生长的植被；当地物种的选择可以使地区性基因得以延续并得到加强。考虑到保持周边景观的连续性和植被的同化作用，并以此将建筑淹没在周边的环境中，我们选择了柔佛当地的物种（图 18）。

图 18 | 植物的选择——柔佛当地的物种

表层土壤的再生

通过保留现场的顶层土壤，并将其作为植被生长基质的一部分，不仅使当地的物种得以长期生存，还为工厂的经营和经济性方面带来了诸多利益。

为了让屋顶的植被自然地融入周围的景观之中，现场的表层土壤在建设开始之前就得到了保护，随后作为种植的基质部分，从而使场地重新获得了自然的土壤条件（图 19）。

为了使屋顶的植被在季节的变化中得到保护（雨季和旱季的反差），绿色屋顶在初始建设中采用草皮铺设在之前所说的混合成分土壤之上。使用草皮的目的并不是为了便于保养，而是作为一种初始的建设手段，形成未来培育植物的基质。一旦绿草开始生长，便不会对其进行修剪或拔除，而是任其自然生长，再现了邻近区域的自然状态。

这一策略考虑到了保护土壤中的种子，并最终成功发芽，防止了土壤侵蚀的问题。通过这种方法，当地的植物成功地适应了新土壤，并与周边的区域和谐共生。这不仅复原了景观，还使植被生长的环境更为健康。

绿色外墙

传统的绿墙建造方法通常采用一个塑料箱作为基础部分，但是，随着岁月的流逝，会出现一些维护上的问题。因此，我们采用了被称为袋鼠肚袋的系统，可以让植物根据自身的生理机能正常生长（图 20）。在建造之前的一年，要在苗圃的培育室内做好绿墙的准备工作（图 21），还要对植被的适应性进行测试。经过一年的积极生长和反应测试，这些植物被移植到具有同样生长条件的绿墙环境中，从而使维护和培育工作更为轻松便利。

绿墙的运用可能呈现出无穷无尽的形式，这需要进一步的研究。可以通过观察自然界千姿百态的生物和洞穴造型开始这一工作，大自然为我们提供了丰富的模仿样例。

成本考虑

即使需要一定的初期投资，但是随着时间的推移，这些绿化区域的资产价值将会显示出很高的成本效益。

图 19 | 屋顶的初始建设

图 20 | 袋鼠肚袋系统

图 21 | 在安装的前一年，植物先在苗圃的培育室中生长

作为一个绿色区域，除了其内在价值之外，还带来很多额外的无形资产，诸如防风、防火、防震、供氧、娱乐和员工更高的工作积极性等。这些高价值的资产极大地促进了当地社区与生态系统的联系，通过有效地管理环境资源带来了具有高度可持续性的成果。

在维护方面，如果设计团队和最终用户都把维护的作用理解为改善生物多样性，而不是植物的美观和整洁，那所需的维护成本将是低廉的，自然和自由的生长会受到青睐。即使这种维护是偶然和随意的但是生物多样性和绿色植物作为资产的价值却不会受到损害。绿化表面的生态学有一个实验性的边缘，这取决于各种植物之间的相互作用。事实上，如果去考虑一个与马来西亚这个案例类似的研究项目，项目的资产价值是可以增加的。

维护和管理

维护的目的是为了方便人类的使用以及保护绿色的地面环境。同时，管理则涉及以保护自然为目的的活动，还有考虑到自然的进化和随着时间的推移而使物种适应环境的保护性任务（图22）。然而，管理并不只是改善环境的操作性任务，它还是一种超越现在、展望未来，去探寻环境保护的思维方式。

通过在生态系统中实现自然的平衡，并抑制过剩的特定物种，在动态平衡中创造一个丰富的生态系统是完全可行的。

马来西亚工厂项目的目标是保持生态系统的连续性并与周边生态系统相融合。因此，设计师并没有设立一套维护计划，而是基于植物在自然环境中的适应和共生能力形成了支持管理活动的系统。维护活动保持在最低的限度，使植物稳定生长并适应场地条件。经过大约三年的管理活动，该区域已经成为不需要维护的自然环境。

结论

风土人情一词不能用在无人居住的土地上。据说它可以是关于一个地区的故事。这个地区因为人类存在于天地之间的相互作用点而被识别。

我们永远不会停下创造建筑的脚步，在未来的1000年里，我们会总结我们的意图并采取积极的步骤吗？正是这些思想和希望将创造出能够塑造新文化的景观。首先，我们应该考虑如何与未来相通。

图 22｜管理活动

竖向绿化

埃里克·范·苏勒克姆

介绍

我们的城市和人类的栖息之地不再仅仅是街道两旁鳞次栉比的建筑。由于在生命建筑领域以及屋顶花园、绿色墙面和垂直花园等技术方面取得的进步，我们正在将建筑环境视为都市中的峡谷，它们的墙面就如同峭壁、岩壁、山脊和高原台地一样（图 23 和图 24)，为绿色植物提供了各种生长的机会。体验我们所建造空间的方式正在改变。同时，我们也正在学习如何将原来荒芜的建筑表面转化为丰饶的空间和绿意盎然的栖息之地。

生命建筑是一个多样化的课题，包括人类如何将自身与自然和空间观念联系起来。这也延伸到我们如何对空间和建筑，以及我们的环境和人类栖息地之间的相互作用关系进行概念化、设计和利用。

随着我们对健康和福祉、可持续性发展、设计、生态、建设和气候等科学的理解不断演变，对于互通性和整合的认识也同样在不断地变化。以绿色屋顶、绿色墙壁和绿色外墙形式出现的生命建筑已经成为当代城市发展解决方案和开发中必不可少的概念。也是城市扩张形式带来的巨大环境压力、商业压力、社会和健康压力造成的必然产物。

多年来，我参与设计和提供咨询的很多项目都涉及灵感，尤其是超前思维。对如何改善概念化建筑怀有极大兴趣的业主和开发者，设计并创造了与人类和环境相互作用、相互影响的建筑。在我的设计哲学和设计过程中，形成并保持了一种基于生态学的方法。特别强调开发具有适应性和敏感性的绿色生活解决方案，并将其作为生命建筑的一部分。我很高兴能够注意到这些项目中的绝大多数都涉及个人、投资者和环境的重大利益。由于在城市规划政策中纳入了屋顶花园、绿墙和绿色外墙的技术，这种积极的进步使上述利益得到了更多的支持和保证。这也包括保护现有古老建筑的行动，将其作为一种城市更新的功能去发挥作用，并延伸到现代建筑的改进。此外，还要接受用于定义和应对人类未来土地利用和城市扩展问题的新方法。

屋顶花园、绿色外立面和绿墙

当谈到生命建筑的技术时，这一行业的术语在各种不同的建筑绿化方法之间出现了分化。这些术语在不同的国家之间可能也会略有不同。虽然核心方法在特定技术方面保持着适度的相似性，但是随后也出现了不断的变化和发展，以解决高架的、水平的和竖直的平面绿化问题。

图 23 | 正在进行施工的布莱大街绿墙

图 24 | 建成后的布莱大街绿墙

屋顶花园,也叫作绿色屋顶,有着悠久的历史。它是作为将建筑与寒冷的气候进行隔绝的合理解决方案而出现的,同时还保护屋顶结构免受恶劣环境的破坏,诸如太阳紫外线的轰击,风抖振、侵蚀和气温波动等。生命屋顶花园固有的生物设计理念已经延伸至栖息地的创建、水分保持、有效空间的创造以及改善与环境融合的美感等方面。

屋顶花园已经从利用当地来源的有机组成部件,发展和演变为使用极其耐用的轻便技术,尤其适合大规模的使用。这些进步使得屋顶花园的技术能够扩大、丰富并改善现有的建筑。屋顶花园的改进,也促进了城市更新的步伐。

材料和设计的每一项技术进步都会使这一技术扩展到更大范围和更为多样的应用之中,并且不会增加相关的屋顶土壤重量。这些组件经过发展演变改善了抗风化性,延长了使用寿命,增强了在更大范围内应用的扩展性。主要由矿物质和最小有机物构成的生长介质,在高风切变、高温和高使用压力的条件下,为维持植物健康的生长、发育提供了长期的稳定性。

大多数基于矿物质的培养基板都经受住了时间的考验,正如一些有据可查的最为古老的屋顶花园所证明的那样。这一观察结果导致了高矿物含量的基板模式一直延续到当代的屋顶花园设计中。屋顶和屋顶花园的排水介质可以进行适当调整,以适应各种气候条件,包括干旱气候、热带气候和季风气候等。实际上,通过设计,基于土壤的花园可以被安装到屋顶和建筑上,屋顶花园已经成为与传统的陆地花园关系最为密切的生命建筑技术。

随着城市密度不断增加和城市的不断扩张，迫使建筑要在相同或者更小的占地面积上容纳更多的人，其结果就是高层建筑应运而生。此前，建筑都是在水平方向上进行扩展的，因此屋顶就成了整个建筑表面中最大的区域。高层建筑的出现改变了这一趋势，由于高达数百米，建筑的侧面就成了设计中的主导因素。在多数情况下，这些扩展的区域没有得到充分利用，更缺乏生机，将住户与自然景观、绿色生物和新鲜空气隔离起来。

绿色外立面和垂直花园（绿墙）随之出现，且正在蓬勃发展，以应对上述的新趋势。这些技术不断发展并经历了重大的改进，成功地使植物在建筑的竖向表面上生长。绿色外立面通常是将攀缘植物的根部种植在地面或装进有土壤的种植容器中，使其能够向上蔓延，吸附并生长在垂直的墙面上。经过进化，攀缘植物在栖息地内可以攀爬各类结构（灌木、树木、岩石等），这主要是为了获得更多的阳光、逃避阴暗地带和竞争、在户外开花，并且到达更高的空间，因为那里常有传播花粉的昆虫，高处的大风也会把种子传播到四处。其

实，建筑就是这种植物可以利用的理想攀爬结构，且适合它们依附和悬垂，有利于进一步在竖直平面上的蔓延生长。随着建筑高度的日益增加，绿色外立面经常被用于覆盖更大的区域和立面（图25~图27）。在某种程度上，屋顶花园和绿色外立面是密切相关的技术，包含了设计、轻便性、土壤、容器和支撑结构等要素，使植物能够在高出地面的建筑上或者高于建筑的地方生长。

对某些物种如何进化为具有攀爬的特性进行仔细评估，对绿色外立面技术的实施会有很大的帮助。另外，还需要特殊的附着系统促进每种植物的生长达到最佳状态。喜欢缠绕和带有卷须的攀缘植物通常需要格式框架或者缆索作为支撑结构，以确保其附着并向上蔓延生长。尽管这些物种会生出具有黏着性的吸管、吸盘或不定根，但是仍需进一步考虑宿主表面承担并维持这种附着的能力。绿色外立面一般利用基底种植容器来维持上部蔓延扩张的植被，因此将根部所占的体积和重量降至最低，有利于植被覆盖面积的最大化。

图 25 | 典型立面图

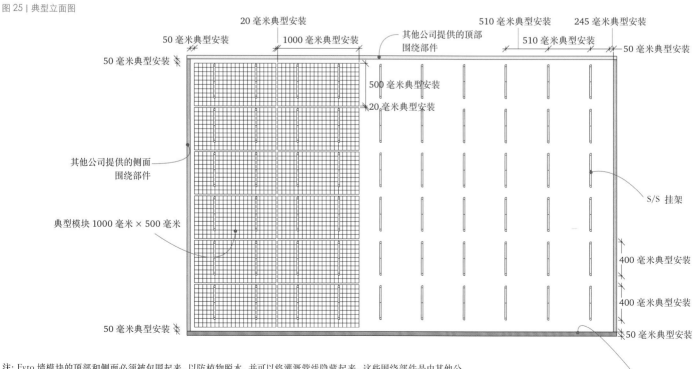

注: Fyto 墙模块的顶部和侧面必须被包围起来，以防植物脱水，并可以将灌溉管线隐藏起来。这些围绕部件是由其他公司提供并安装的。客户可以选择的材料和饰面范围很广，包括不锈钢、彩钢和优耐板最为常见。主要的要求是这些材料必须适合长期潮湿的环境。替代人造框架的一种方法是使宿主墙体形成凹进部分，但是也许仍然需要一些框架隐藏边缘和灌溉管线。

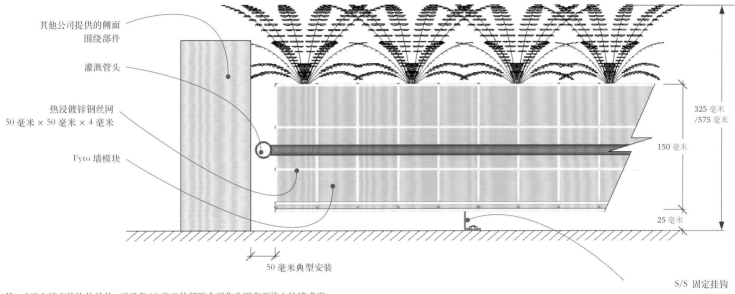

其他公司提供的侧面
围绕部件

灌溉管头

热浸镀锌钢丝网
50 毫米 × 50 毫米 × 4 毫米

Fyto 墙模块

325 毫米
/575 毫米

150 毫米

25 毫米

S/S 固定挂钩

50 毫米典型安装

注：对于未填充的块体结构，不具备 19 毫米外部胶合板作为固定面的立柱墙或宿
主墙，需要安装压条，通常采用 50 毫米 × 25 毫米 × 1.6 毫米的 Duragal RHS 压条。

图 26 | 典型的侧面围绕部件剖面图

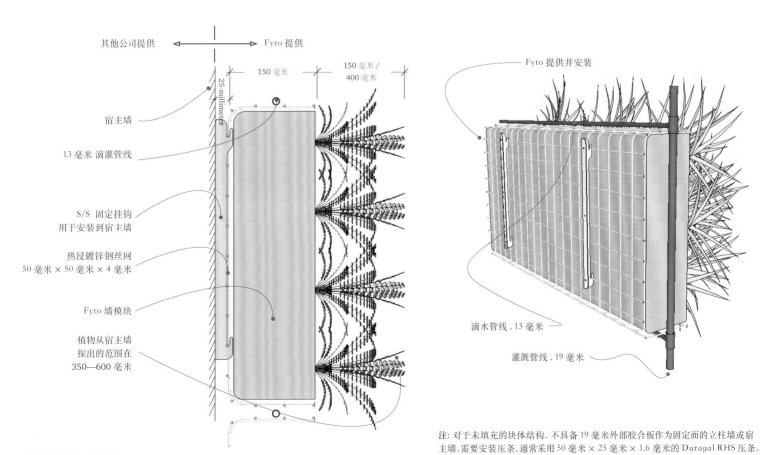

其他公司提供 ◄───► Fyto 提供

Fyto 提供并安装

宿主墙

25-millimeter

150 毫米

150 毫米 /
400 毫米

13 毫米 滴灌管线

S/S 固定挂钩
用于安装到宿主墙

热浸镀锌钢丝网
50 毫米 × 50 毫米 × 4 毫米

Fyto 墙模块

植物从宿主墙
探出的范围在
350—600 毫米

滴水管线，13 毫米

灌溉管线，19 毫米

注：对于未填充的块体结构，不具备 19 毫米外部胶合板作为固定面的立柱墙或宿
主墙，需要安装压条，通常采用 50 毫米 × 25 毫米 × 1.6 毫米的 Duragal RHS 压条。

图 27 | 典型的侧面立视图

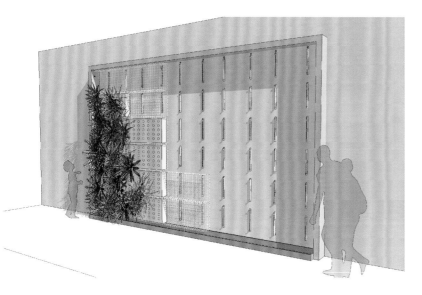

图 28 | 典型的 Fyto 墙 1

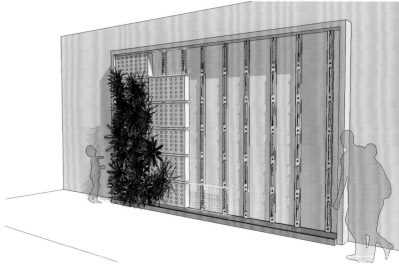

图 29 | 典型的 Fyto 墙 2

垂直花园也被称为绿墙，采用了一系列的技术增加覆盖垂直表面的种植密度和潜在的物种多样性。虽然在"垂直花园"的名义下，目前采用的各种技术发生不断变化似乎是不可阻挡的趋势。但是，四个基本的趋势得到了广泛的认可。垂直花园可以是模块化或者非模块化结构，也可以是基于培养液或者基于土壤生长的。这四种概念之间的不同组合形式是也很常见的。

从高高架起的形式和装有土壤的容器来看，模块化或者盆栽系统也许类似于绿色外立面。都是由彼此相连的种植容器构成的网络，提供大面积的分布式培养基质，从而可以容纳高密度种植的植物。同时，绿色外立面还经常会在容器之间出现明显的空间，由于攀缘植物的蔓延生长特性，盆栽的垂直花园系统显著地提高了植物的密度，从而形成了高密度的植物群落，并能够维持植物生长形式的多样性。这样的装置通常会形成一种连贯流畅的植被覆盖，并直接产生无尽的美感。

装载培养基质的容器特性各有不同，它们包括花盆、砖砌容器、衬有垫层的容器，以及高度工程化的容器，它们能够通过开槽连接在一起形成一个连贯、统一的系统。在这个系统中可以栽种植物，根系可以按照需求进行分离和互连。通过这种方式，某些模块化系统（图 28 和图 29）也可以当作单独的容器，或者作为互连解决方案进行安装时，以非模块化的整体发挥作用。某些系统是多功能的，

有些则是为了实现特定的功能而专门设计的系统。这些系统可以用来覆盖大面积的区域和复杂的建筑形式。

很多垂直花园系统采用的生长支持介质可能与屋顶花园（图 30）和绿色外立面的土壤类似，或者含有轻质材料，包括有机的、合成的或者这些成分的各种组合。垂直花园系统的一种发展趋势是，对

图 30 | 埃里克正在检查屋顶花园的植物和土壤

于规模较小的装置,适度采用有机物培养基质;对于大规模的装置,则采用溶液培养基质。这主要归因于两个值得注意的特点,首先是有机物分解固有的短寿命特性(健康的有机土壤分解与自然界中观察到的一样,需要日常的补给)。与之相对的则是精心设计的水培基质的长寿命特性和大多数有机介质更高的饱和重量。其次,很多水培系统具有潜在的轻质优势。重量方面的考虑可能决定了一个系统究竟适合大面积还是小面积的覆盖,最终形成支持体系的完整性。

非模块化垂直花园系统一般是基于毛毡或纤维织物的系统,将大片的纤维织物附着在一个支撑结构上,可以在其中栽培植物。这些系统在本质上属于水培系统,因为植物的生长依靠渗入纤维织物基质中的根部,并通过灌溉提供全部的养分。由于使用的纤维类型不同,基于纤维织物的垂直花园系统也通常会呈现出各种变化。不同类型的纤维织物层具有不同的厚度和组合形式,这将会影响保水性、排水性能、根系的支持和紫外线稳定性等。这些系统可能会显著地减轻重量,而成本却与模块化系统相当。

每一种系统在设计、构成组件、分离度或互连能力上都不尽相同。垂直花园被用来解决城市中的各种挑战和难题,因此在构思生命建筑解决方案的时候,系统的设计和应用是至关重要的被考虑因素。如上所述,垂直花园的多样性也因此成为实现生命建筑的关键,从而解决人口增长和城市扩展带来的压力与挑战。

绿色环保技术的优势

在区分了不同绿化系统的差别之后,有必要去思考每种系统为规模不等的装置、经过翻新的旧建筑或现代建筑带来的内在效益。为取得最大效益所做的规划对于有效和具有弹性的设计是不可或缺的。因此,根据为每一个特定的地点创造效率更高和多功能性的系统所需的稳定性,就需要对服务商提供的每一种技术和由此产生的变化进行仔细地考虑和权衡。

当黯淡无光、毫无生机或者未充分利用的建筑表面蜕变成枝叶繁茂、花果丰饶、物种多样、生机盎然的环境时,建筑绿化技术具有的高度视觉效益是显而易见的。屋顶花园、垂直花园和绿色外立面可以将建筑的表面转变成栖息地、园林、娱乐或出产食物的空间。这些社会、经济和环境效益往往使更多的人受益,尤其

是在那些自然景观极为罕见的城市。相邻建筑的屋顶花园、绿色外立面和垂直花园不仅增加了所在建筑的房产价值,也为周围的建筑增添了活力、趣味和价值,同时给邻近区域带来了潜在的商业效益。

生命建筑技术的效益正在不断扩大,并在全球范围内显露头角,以产业多样化、探索功能性和性能响应等方式逐渐成为现实。

下面所述的各种效益很好地解释了为什么在当代的商业、住宅和工业设计、城市规划以及政策中,屋顶花园、绿色外立面和垂直花园已经形成了如此之高的吸引力。

改善美观性

通过对文化的影响,传递关联感、归属感、身份认同感和价值感,人类栖息地的美感在人类的健康和福祉方面起到了重要作用。当我们居住的建筑和空间能够对人类的需求和感知欲望做出反应时,它的价值就会增加。生态设计可以确认人类的生物需求,并将其作为设计的要素来改善我们与居所之间的感应方式,创造健康的环境。屋顶花园、绿色外立面和绿墙是人类在都市环境中与自然亲密接触的核心构成部分,那里极小的空间也可以用来作为公园用地、花园和栖息地。医学业已证明,为了身体健康和精神愉悦,人类需与自然和户外环境亲密接触。要做到这一点就需要触觉和视觉上的亲近,这在高密度的都市环境中可能是一个巨大的挑战,因为那里的高楼鳞次栉比,极难见到自然生物的领地。在拥挤不堪的城市中,垂直花园、绿色外立面和屋顶花园展示了创造并维持这种植被环境的非凡能力。这些设施与装置几乎不需要占据任何地面就能使所在的建筑以及相邻的建筑受益匪浅。

增加房产的价值

通过满足人类的需求,创造对价值、品质、效率、独特性、身份的感知,以及一种关联感和健康舒适的感受,房产的价值会显著提高。试想一下,如果有一种技术能够将残垣断壁变成一个精心设计、满目皆绿的自然景观,能够改善建筑的功能,提高有限空间的利用率,同时还能够改善环境。那么这正是屋顶花园、绿色外立面和绿墙所能做到的,因此直接影响了房产的价值。

建筑的隔热和隔音

某些嵌入到建筑罩面中的材料可以起到隔音和降低温度的作用。隔绝的程度取决于这些材料的类型、品质和应用模式，并会受到建筑年限的进一步影响。作为建筑罩面的重要补充，经过巧妙设计的屋顶花园、绿色外立面和垂直花园可以改善隔音和隔热效果。这些技术经过策略性的部署，对热量和声音造成的影响起到了至关重要的调节作用。

这些技术在两个层面改善了隔绝性，首先是基质层，其次是植被层。这些技术的植被层显然不是被动的，它们可以进行定制，从而提供隔热和隔音性能的重大改进。基质层上面增加的植被覆盖也会影响太阳能电池板的功能，尤其是在屋顶花园。多层的植被绝缘层逐渐积累所形成的树荫具有隔绝功能，同时也降低了含水率梯度的变化，因而对热量的损失产生影响。高楼林立的街道有利于声音传播到相邻的建筑，绿色外立面和垂直花园通过对声波的吸收和散射显著减弱了声音的传播。此外，包括屋顶花园在内的这些技术还经常被用于减弱来自建筑内部的声音，例如重型工业设施发出的噪声。

降低城市的热岛效应

玻璃、混凝土、沥青、钢铁和石头构成了我们的城市。这些材料反射、吸收热量。尤其在白天的时候，逐渐聚集形成的热质量，常与太阳的辐射热量结合在一起，加上夜晚的机械活动，我们的城市起到了热岛的作用，将热量释放回大气中。这一过程产生的热量足够对全球气候产生影响。生命建筑技术提供了重要的隔热能力，并将建筑罩面的所有方面都与基质和植被联系在一起。这些植被技术能够减少建筑的反照率（反射能量），同时通过蒸发蒸腾作用在内部起到了遮蔽和降温的作用。这也为现代建筑和改造的建筑提供了降低热量积累、热量辐射和热量反射的能力，因此，与没有植被覆盖的建筑相比，有效降低了城市热岛效应。

减少空气和水的污染

植物具有通过叶片吸收气体和悬浮颗粒的固有能力，并通过根部吸收水分中的养分，利用这些输入的物质作为生长的基石。很多通过空气和水传播的污染物都含有化学成分，能够被植物分解或者

储存在组织中。这对于全球养分管理是极其重要的。构成生命建筑技术的活化植被成分可以捕获城市中植被区域内的灰尘和空气污染物。同时，生长的植物可以通过它们的气孔直接吸收 VOC（挥发性有机化合物），并通过新陈代谢作用将这些化合物分解或者储存在组织中。在刚刚竣工的建筑中，包括油漆、胶水、溶剂、洗涤剂、密封胶等在脱气的期间内，会将 VOC 释放到空调系统中。因此，这些常见的致癌物会遍及建筑的内部。而建筑内部的垂直花园则能够捕获并清理内部的流动的空气。此外还能捕获积累的二氧化碳并释放出氧气，因此在下午 3 点的状态低潮时间也能提高工人的生产效率。健康、活跃的基质中所含的细菌和真菌，无论其特性是有机的还是水培的，都会显著提高植物的生长能力。

在高密度的建筑环境中会产生大量的灰水（含有普通的家庭及办公产生的化学物质）和黑水（被污水污染）。从屋顶和停车区域的城市径流收集而来的雨水中通常含有油脂、汽油和酸雨等污染物质。这些积累的水最容易被直接排入暴雨产生的积水中。然而，生命建筑技术为我们提供了利用这些污水的良机。通过生长的植物可以捕捉、处理污染物，在排出建筑之前使水质得到改善。在这一领域里，管理良好的水培系统提供了增强的作业能力，可以减少植物对有机土壤产生的养分的需求负荷。同时迫使植物直接吸收来自于水和气体中被剥离的各种养分，将其作为除了太阳能之外维持生长的主要营养成分。由于城市的快速扩张，尤其是人口、建筑和城市密度的增长，水污染的管理正在日益受到更多的关注。

栖息地和生物多样性的创建与保护

城市环境充满了以人类为中心的活动和技术，这对于非人类物种来说可能是残酷的甚至是致命的。许多鸟类、哺乳动物和无脊椎动物经常会设法迁移或绕过这些人类栖息地的扩张区域。人类对土地进行的改造和城市的扩张已经严重地破坏了动物的栖息地，并切断了动物的短期和长期迁徙路线。

精心设计的屋顶花园、垂直花园和绿色外立面提供了在城市环境中创建栖息地的机会。栖息地的扩展满足了迁徙物种和永久居住物种的短期和长期功能需求，包括创建了适宜的休息、喂食、饮水和筑巢地点。

很多物种对人类的干扰十分敏感，由于缺乏合适的都市场所，当地物种的灭绝时常发生，尤其是那些耐力有限的物种或无法一次迁移很远距离的物种。其他的物种由于寿命较短或者穿越复杂环境的能力有限，只能移动很短的距离并进行筑巢。健康的栖息地包括一系列的营养层级，以此，在规模更大的多样性环境中，一系列物种的存在也就成了另一些物种稳定的食物来源，因为栖息地会保持一致性和适当的稳定性。城市环境是非常纷乱的，即使绿化覆盖水平很高的城市也是如此。因此，城市栖息地需要特殊的功能适应性，从而形成并维持可持续性环境。

人类的涉足往往会导致栖息地的质量和数量显著下降。这只是由于持续不断的相互作用和干扰所固有的压力造成的。结果，在屋顶花园、绿色外立面，尤其是高密度、多样性的垂直花园中形成的栖息地变得越来越重要。高于地面、行人和街道的花园位置十分理想，可以作为对人类介入承受力有限的敏感物种的避难所。便于通行的屋顶花园会有很多人类的进入和人类的活动，与之相比，不适合通行的屋顶花园在这一方面会更为有利。人类难以涉足的垂直花园和绿色外立面尤为适合创建适宜的、高品质的城市类型栖息地。

技术应用

屋顶花园

屋顶花园可以分为两种主要的类型，即可通行的和不可通行的，决定了人类经常性的进入和使用是否可行。此外，根据土壤的深度，屋顶花园可被细分为密集和开阔的应用类型。由于相关的饱和重量会对所在建筑产生影响，不同深度的土壤维持特定植物生长的核心能力不同，以及在隔绝性方面提供不同程度的功能，因此区分土壤的深度尤为重要。一般认为，开阔型屋顶花园的深度通常为50—200 毫米，密集型屋顶花园的深度则超过 200 毫米。所在建筑的承重能力决定了密集型和开阔型应用的可行性。同时还要考虑与功能相关的深度和流量能力。如果屋顶花园的空间不需要人们进入，例如，只是将隔热、栖息地、雨水收集、远观的美景作为其核心功能，那么较浅的开阔型屋顶花园是最为适合的。

密集型屋顶花园的应用具有更深的基质，能维持更为多样的植物品种生长，同时提高了隔热能力。更深的土壤处于完全饱和的形式，

其重量可能会显著地增加。这也包括随后的植被重量，例如树木成熟后可能的重量、一系列景观材料的重量等都是设计阶段需要考虑的工程因素。

绿色外立面

传统上认为长有攀缘植物的建筑外墙就是绿色外立面。这种分类有些过于简单，因为悬垂生长的植物也会以类似的方式起到同样的作用，在相同的宿主容器内也会包括攀缘物种的基本种植。垂直花园系统可能采用攀缘物种，可以蔓延到垂直花园系统本身的范围之外，因此扩大了植被的覆盖面积。这种系统可以被归类为混合型绿色外立面或垂直花园。由于该行业在这一领域中不断出现的适应性变化和分化，生命建筑的行业用语多少有些模糊。值得注意和考虑的是，攀缘植物是种植在地面上，还是高悬的种植箱中，或者类似的高于地面的种植容器中。攀缘植物利用缠绕的茎部或卷须依附在缆索或格架支撑系统上的生长方式，与那些直接附着在砌体砖墙上，无须额外附着系统的生长方式是有所不同的。在绿色外立面的领域里，容器的容积、介质和排水设计选项等方面还会出现进一步的细化。

垂直花园

在垂直花园的领域中，基于溶液培养和基于土壤的系统是两种彼此不同的应用。它们各自的基质可能被整合到模块化的容器系统中。纤维类型的绿墙系统一般采用水培技术，包括模块化或者非模块化的各种变型。

系统的复杂程度一般与功能的规模和范围相关。通常还会采用饮用水和雨水收集系统以及废水处理和收集系统。营养注射也被称为滴灌施肥，可以通过灌溉系统（图 31 和图 32）调节养分的供应，对植物的生长进行远程控制，这与传统的有机物分解和缓效肥料的应用是截然不同的。

水监测系统、安全报警和远程传感器是管理更大型装置的现代技术，从而保证了灌溉的安全性，降低了日常现场监测的需求。

在生命建筑领域，垂直花园或绿墙系统可能呈现出最为多样的系统类型。所有组成系统的快速发展和技术进步的积累正在产生大

图 31 | 被建议使用的滴灌托盘

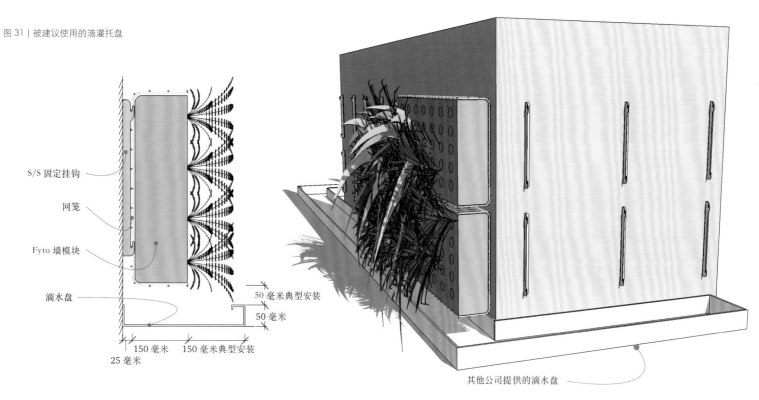

S/S 固定挂钩

网笼

Fyto 墙模块

滴水盘

50 毫米典型安装

50 毫米

150 毫米　150 毫米典型安装

25 毫米

其他公司提供的滴水盘

注：滴水盘用于同雨水收集／污水排放系统连接。
Fyto 墙任何有穿透点的上方都需要滴水盘，即门道、窗户等。
滴水盘材料为不锈钢、彩钢和优耐板。在某些情况下，也许不需要滴水盘。

注：对于未填充的块体结构，不具备 19 毫米的外部胶合板作为固定面的立柱墙或宿主墙，需要安装压条，通常采用 50 毫米 × 25 毫米 × 1.6 毫米的 Duragal RHS 压条。

图 32 | 典型的灌溉壁柜

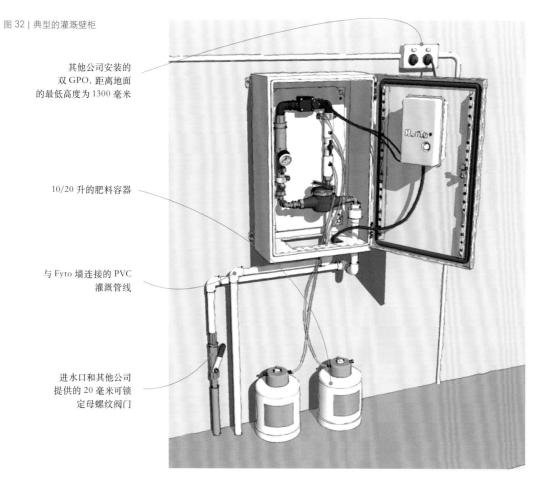

其他公司安装的双 GPO，距离地面的最低高度为 1300 毫米

10/20 升的肥料容器

与 Fyto 墙连接的 PVC 灌溉管线

进水口和其他公司提供的 20 毫米可锁定母螺纹阀门

400 毫米　300 毫米

600 毫米

锁闭的壁柜　700 毫米地面

注：Fyto 墙需要供电和供水，二者之中任何一个中断都会导致植物退化或者死亡。灌溉壁柜的定位可以与墙壁有一定的距离。在本案例中，运行于 Fyto 墙和壁柜之间的 20 毫米 PVC 灌溉管线必须在地面装修之前进行安装。灌溉壁柜需要定期维护。

量的变化，并扩展了垂直花园系统的功能。随着不断的发展，竖向绿化领域的范围快速扩大，这注定是一个令人兴奋的时代，一个令人兴奋的业内领域。

绿色环保技术和未来

绿色屋顶、绿色外立面和绿墙的设计与植物的使用这一课题是动态的和专业的，与这些技术所在并与之融合的建筑和工程是一样的。

生命建筑的种植设计并不是直接照搬陆地花园的思想流派和专业技术。建筑的特性通常是具有极度的暴露状态，尤其是那些高层的和高密度的建筑。此外还有过度暴露的建筑之间形成的过渡地带，特别是那些距离较近的建筑之间暴露程度更高。在建筑的极端限制条件下进行种植设计的设计师、植物学家、园艺师和景观建筑师们，需要该领域的专业化知识去评估、预防并妥善应对场地条件和所采用的技术类型可能产生的环境变化。

生命建筑设计作为一个令人兴奋的全新专业领域正在兴起。随着这一行业的不断成熟，产生了对适合的技术知识和经验的需求，以解决竖向平面扩展带来的机遇和挑战。这一领域的专业知识备受青睐，经验丰富的设计师通过深入的研究和开发过程，积累了极有价值的知识产权。

在全球范围多种多样的气候和地点条件下，大自然已经成功开拓了竖向平面的领地。众多的物种通过特殊的进化适应了这一具体过程，这种类型独特的天然栖息地越来越多地呈现在人们的眼前。因此，很多生命建筑的设计师呼吁，在栖息地研究的基础之上进行专门的观察和知识运用，从而妥善解决和应对我们不断变化的城市建筑表面所固有的暴露特性。

在竖向平面内或者极其恶劣的气候和暴露条件下，以及浅层的土壤剖面中创造具有可持续性和长期性的植被，需要极高的栽种技艺水平。此外还要熟悉所采用的生命建筑技术和对场地进行深入评估的技能。本书证明了这些技艺熟练的人员的存在以及他们取得的非凡成就，并与下一代的设计师、规划者、业主和梦想者等更广泛的受众分享这些专业知识。

园艺和植物学方面的技巧使设计者在种植的精确性、功能性和寿命方面达到了前所未有的水平。物种的层次定位、防风和遮阴管理、分形系统、栖息地的创建、管理自发性移植或物种更新等都是独立的专业技术领域。在这些领域中，生命建筑的设计师可以使他们的职业生涯走向最高的境界。虽然每一个切角都需要一系列的技能，但是他们可以在家中进行规模较小的实验。生命建筑没有任何局限，它提供了全新的视野和机遇，影响并改善了生物系统、气候变化、建筑以及我们与自然和所在地区的关系，还有人类的生存状况。这些影响不仅可以应对过去形成的挑战，也是通往未来更加美好生活的必经之路。

参考文献：

Mollison, Bill with Reny Mia Slay, 1991, *Introduction to Permaculture*, Tagari Publications, Japan.

Fletcher, David, 2015, *Rooftop Garden Design*, Images Publishing Group, Australia.

Grau, Dieter, 2015, *Urban Environmental Landscape*, Images Publishing Group, Australia.

Mwinyikione, Mwinyihija, 2013, *Lagoons: Habitat and Species, Human Impacts and Ecological Effects*, Nova Science Publishers, USA.

Pannigrahi , Balram, 2011, *Irrigation Systems Engineering*, Nipa, India.

SD Editorial Department, 1987, *Atelier Zo*, Kajima Publishing, Japan.

The Organization for Landscape and Urban Green Infrastructure, 2012, *Questions and Answers in Vertical Gardens* (壁面緑化のQ＆A), Kajima Publishing, Japan.

Sasaki, Tsuna, 1997, Scenery 10 Years, *Landscape 100 years and Natural Cycles 1000 Years* (景観十年　風景百年　風土千年), Soyo Publishing, Japan.

Nishioka, Tsunekazu, 1988, *Learning from Trees* (木に学べ), Shogakukan, Japan.

Wood, Antony, 2015, *Exterior Greenwall Design*, Images Publishing Group, Australia.

Wood, Antony, Bahrami, Payam and Safarik, Daniel, 2014, *Greenwalls in High-Rise Buildings*, Images Publishing Group, Australia.

Midori, Yuko, 2010, *A Plants and Human Story*, Kinokuniya Publications, Japan.

案例研究

南岸巴比伦酒店
度假村

地点
越南，岘港

面积
1517 平方米

竣工时间
2015 年

景观设计
武重义事务所，Nguyen Viet Hung

摄影
Hiroyuki Oki

客户
Thanh Do Investment Development and
Construction JSC

这座名为巴比伦的多层酒店拥有一个由绿色草木和混凝土百叶窗结构形成的外墙。从海岸的方向看，构成了一个看起来颇有趣味的地标性建筑。这个绿化层在道路与建筑之间形成了一道视觉屏障，提高了度假村的私密性。它的基础部分，装饰材料保持了天然的外观，散发出娇柔的气息并与周围的自然景观和谐相融。

这座三层的建筑一共设有 32 个房间，呈 L 形的平面布局将一个泳池围绕在中间。人们站在阳台上可以俯瞰泳池中的戏水活动，同时还可以在绿色的外墙后面享受具有私密氛围的放松活动。泳池是开放式的，但是采取了小心谨慎的设计方式，形成了一个半私密的空间，十分适合进行休闲放松，客人可以完全沉浸在美妙的自然环境之中。

由于增加了绿化层，南岸巴比伦酒店度假村就拥有了一个耐热的外墙。建筑的周边被一圈垂直结构的混凝土百叶窗结构包围，上面布满了绿色的藤蔓。这样不仅减少了阳光的直射，还可以让微风流畅地通过。在热带气候的炎热季节里，耐热的墙面将热辐射的水平降至最低，因此起到了缓冲的作用，从而有利于植物的生长。通过模具制成的 5 厘米 x15 厘米（1.97 英尺 x5.9 英寸）见方的预制混凝土百叶窗结构上带有木制的纹理，并采用天然的材料颜色创造了最接近自然的环境。

在这里，植物随处可见。度假村中的每一个空间和角落都栽种了绿色的植物，为这个度假胜地的景观增添了自然的色彩。当客人进入酒店时，他们也许会感觉到正在通过绿色的墙面和走廊进入一个自然的热带环境。即使在浴室中，也能看到从阳台上蔓延而过的绿色植物。

绿色外立面由树木和藤蔓组成，其中包括爬满混凝土百叶窗的使君子，还有很多沿着走廊和阳台的光耀藤和四季米仔兰。这种组合形成了多样化的竖向景观。

01 | 绿色外立面的一角
02 | 绿色外立面的细节

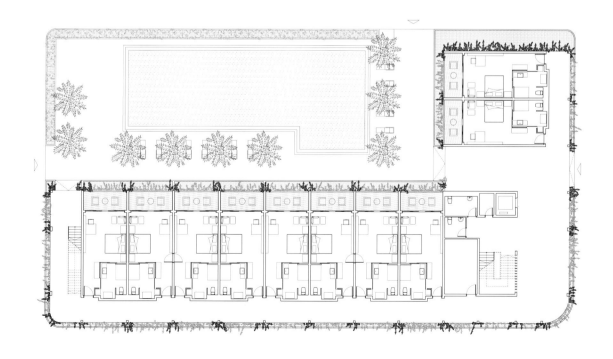

酒店一层平面图

03 | 内部小道旁的绿墙
04 | 呈 L 形平面布局的建筑围绕着一个游泳池

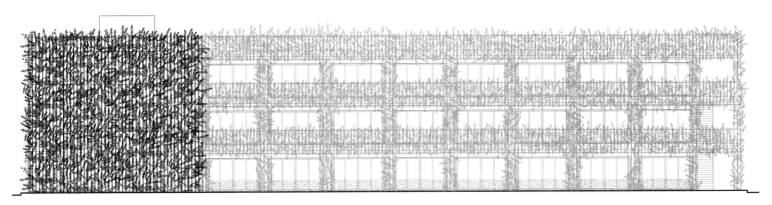

立面图

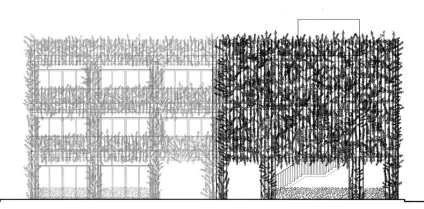

立面图

06 | 绿色的入口
07 | 泳池旁的步行道
08 | 内部走廊
09 | 客房的阳台

区域冷却系统绿墙

地点
新加坡

面积
绿墙：460 平方米
竖向种植：296 平方米
种植带：351 平方米

竣工时间
2015 年

景观设计
Greenology 私营有限公司

摄影
Greenology 私营有限公司

区域冷却系统绿墙

完全被绿色植物覆盖的区域冷却系统 (DCS) 工厂, 几乎在公园之中销声匿迹。由于采用了 Greenology 私营有限公司技术先进的竖向绿化系统, 所以设计师通过蒙太奇的手法, 用密实和通透的绿色植被创造了一层具有可持续性存活能力的绿色肌肤。

绿色墙体和竖向种植系统结合在一起, 将区域冷却系统的外墙完全覆盖。间隔设置的竖向种植系统可以允许一部分气流通过外墙立面。为了便于长期维护和可持续性生长, 设计师精心选择了具有不同纹理质地的耐旱植物。对于 8 米高的绿色墙体, 要通过索具来进行维护。因为在这种情况下, 通过机械装置在墙体的正面进行维护的方案是不可行的。

在区域冷却系统周围, 人们栽植了一片地被植物, 作为周边公园的延伸区域和绿色外立面的补充。美观的绿色植被带来了众多环境效益, 诸如降低二氧化碳的浓度、减少灰尘、降低噪声、降低区域内微气候的温度以及增加动植物群落的生物多样性。该区域与周边公园有机地结合在一起, 为用户创造了一个都市中的绿洲, 使他们在精神上得到缓解和放松。

01 | 区域冷却系统周围交替出现的绿墙和竖向种植容器有助于隐藏后面的机械设备

横向景观透视图和采用的植物品种

① 细叶雪茄花

② 沿阶草

③ 蔓性野牡丹

④ 金边露兜树

⑤ 鸢尾属南天竹

⑥ 锡兰叶下珠

⑦ 杂色沿阶草

⑧ 地毯草

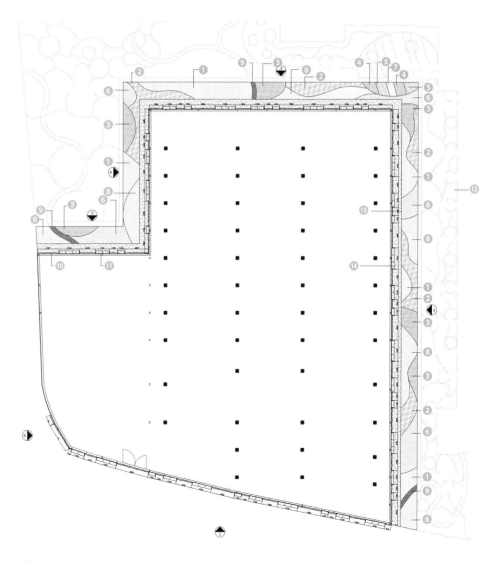

⑨ 地毯草
⑩ 绿墙
⑪ 种植容器
⑫ 周边景观设计
⑬ 2500 毫米种植带 (周边景观设计的延伸)
⑭ 1500 毫米的花岗岩碎片维护道路

立面图

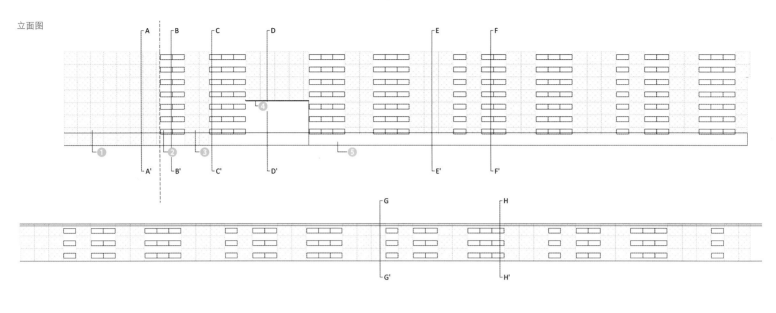

① 现有弧形墙面和框架上的绿墙面板
② 框架上的种植容器
③ 框架上的绿墙
④ 排水槽（主承包商）
⑤ 现有的1米女儿墙

绿墙和垂直种植容器立面图和植栽搭配

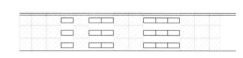

小叶喜林

芋杂色喜林

芋鸢尾花

建议种植容器栽种的植物

泡叶冷水花

冷水花

越橘叶蔓榕

杂色鹅掌藤

光耀藤

合果芋（白蝴蝶）

矮种狗牙花

锡兰叶下珠

02 ｜ 横向与竖向的景观结合在一起，使机器设备
　　　消失在绿色的空间之中

03 ｜ 通过交替设置绿墙和竖向种植容器实现了通透式设计，
　　　使热量和有害气体可以轻易地穿过墙面

04

05

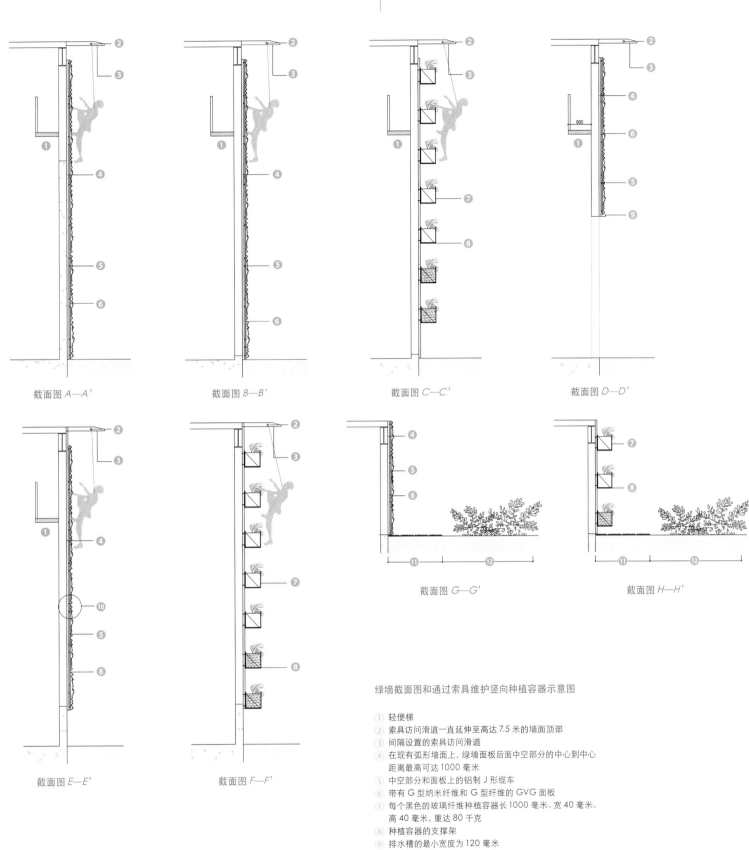

截面图 A—A'

截面图 B—B'

截面图 C—C'

截面图 D—D'

截面图 E—E'

截面图 F—F'

截面图 G—G'

截面图 H—H'

绿墙截面图和通过索具维护竖向种植容器示意图

① 轻便梯
② 索具访问滑道一直延伸至高达 7.5 米的墙面顶部
③ 间隔设置的索具访问滑道
④ 在现有弧形墙面上，绿墙面板后面中空部分的中心到中心
　距离最高可达 1000 毫米
⑤ 中空部分和面板上的铝制 J 形缆车
⑥ 带有 G 型纳米纤维和 G 型纤维的 GVG 面板
⑦ 每个黑色的玻璃纤维种植容器长 1000 毫米、宽 40 毫米、
　高 40 毫米，重达 80 千克
⑧ 种植容器的支撑架
⑨ 排水槽的最小宽度为 120 毫米
⑩ 参考细节 A—A'
⑪ 维护道路上的花岗岩碎片
⑫ 种植带

04-05 | 绿墙和竖向种植容器的维护是通过索具实现的，取代了传统的重型机械
　　　设备，例如悬臂起重机。

FPT 大学行政管理
办公楼

地点
越南, 河内

面积
1.1 公顷

竣工时间
2014 年

景观设计
武重义事务所

摄影
Hoang Le

客户
FPT 大学

01

随着以农业为主的经济向工业化社会的转变，越南正经历着快速的发展，以至于城市的基础设施无法跟上如此之快的发展速度。此外，由于时常出现能源短缺、绿地减少、污染加重和极端气温等现象，环境的压力正在变得日益明显。FPT 大学的办公楼正好位于河内的外围，这里将教授和培养下一代的工程师和技术人员，他们将在越南未来的可持续性发展中发挥重要的作用。设计者的目的正是要通过创造一个绿色的大学建筑来应对前面所述的各种环境问题，同时向后人灌输可持续性发展的实践和理念。

FPT 大学的办公楼是一个更为庞大的总体规划项目的第一阶段规划中的一部分。按照规划，该大学将成为一所具有全球竞争力和环保意识的大学。该建筑是校园的门户，其绿色的外墙立面鲜明地标示着校园未来的发展方向。由于这座大楼是大学扩建的第一阶段项目，因此其设计必须能够适应未来不断变化的规划性需求。

越南的新建筑通常受到西方建筑类型的影响，因此并不适合东南亚的热带气候。这导致了城市过度依赖于空调设备去获得舒适的温度，从而进一步加剧了城市热浪和污染。同时还使越南的电力设施压力过大，经常出现供电短缺的情况。这种被动式的建筑设计利用了当地气候中丰富的自然资源，诸如阳光、降水和风能创造了一个舒适的环境。

FPT 大学的建筑位于越南一个能源短缺的地区，被动设计的采用降低了建筑对有源系统的依赖性。因此，在停电的时候，可以通过备用发电设备以最小的电力发挥功能。较浅的进深布局使大量的自然光线进入建筑的内部，从而减少了人工照明的需求。每个窗口中的树木仿佛一层绿色的皮肤降低了通过窗户的直接热量传递。建筑与微风盛行的方向一致，并采用对流通风降低温度。

外墙立面的设计采用了简单的模块化风格，体现了可持续性设计的简洁特点。这些模块都是在工厂的地面生产线上制造的，提高了工人的安全性并减少了浪费，还缩短了施工时间。这些结构都是由学校负担得起的混凝土建造的。这些预制的模块使建筑获得了更高的竣工质量。

越南城市的都市化和密集化发展对城市的植被，以及一度与城市人口密切相关的环境也产生了很大的影响。每一个房间和户外花园中的树木都与大自然有着永恒的关联。通过不断提及和体验可持续性被动设计建筑带来的好处，这种关联有助于提高人们的环境意识。

01 | 屋顶和露台上交错堆叠的绿化箱侧视图
02 | 每一个开口处都栽有树木

立面图

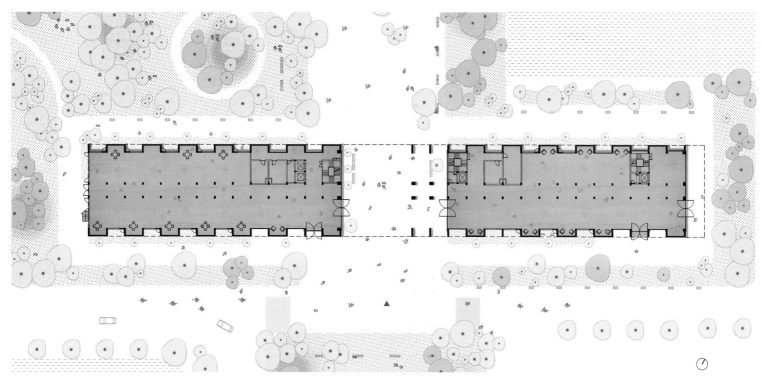

总体规划平面图

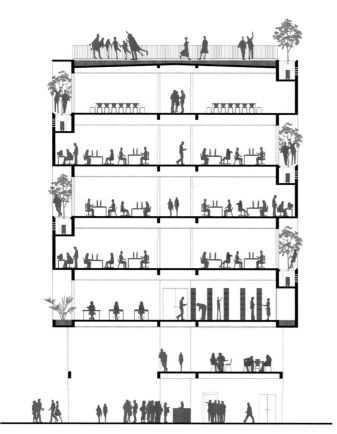

横截面

堆叠式绿化箱的概念图

03 | 外墙立面细节
04 | 建筑前面波光粼粼的湖面
05 | 屋顶的草坪
06 | 露台上树木景观的一角

03

04

05

06

暹罗拉恰库鲁公寓酒店

地点
泰国，曼谷

面积
2.9 公顷

竣工时间
2014 年

设计建筑师
Somdoon 建筑事务所，创作组

景观设计
Sanitas 工作室

摄影
Spaceshift

客户
暹罗资产有限公司

暹罗拉恰库鲁公寓酒店

01

暹罗拉恰库鲁公寓酒店由两座住宅公寓构成，它是在曼谷一个新开发区中废弃项目的基础上改建而成的。因此，承重立柱的位置早已确定，限制了内部空间的宽度。通过增加建筑的外部罩面，使原来设计的平整立面得到了改观。在设计师精心的规划下，每个公寓的使用空间都达到了最大化。在距离主干道和曼谷大众运输系统 (BTS SkyTrain) 最近的公共区域内，是一座较低的 15 层商住两用大楼。这座大楼中包括带有一间卧室的公寓和大小不同的附属工作空间，适合该区域内的小型新企业入驻。通过新奇的设计，使得外部立面凹凸不平，从而增加了建筑外部罩面的表面积，可以最大限度地利用自然光线，并提供额外的通风条件和放置种植容器的空间。在商住大楼的背后，是高密度的 28 层住宅大楼。它由不同的住宅单元构成，包括设有 1—3 间卧室的单元，以及顶层上的复式住宅。由于空间相对狭窄，仔细的规划对于创造最佳的内部环境是至关重要的。为了实现这一目的，设计师将厨房单元和壁橱内置在共用墙壁的交叠处。卧室之间采用滑动的玻璃门进行分隔，使私有和开放空间的界限更为灵活。这些住宅单元的阳台以一定的角度向外凸出，不仅优化了观赏城市的视野，还增加了外部立面的表面积。种植墙沿着住宅楼的两侧延伸，将防火逃生出口隐藏了起来，同时还为行人提供了赏心悦目的绿色环境。内部的种植尽可能选在了大堂和室外区域这样的共享区域。暹罗拉恰库鲁公寓酒店是一个很好的范例，为人们展现了如何通过更为现代的灵感和理念让废弃的项目重新焕发生机。

01 | 外部的住宅立面
02 | 建筑与周围的环境

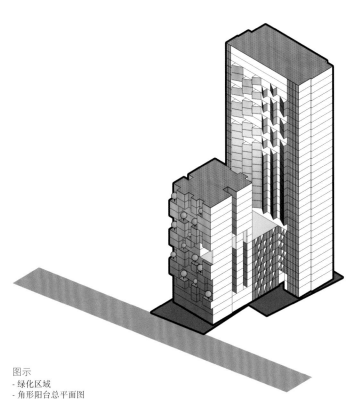

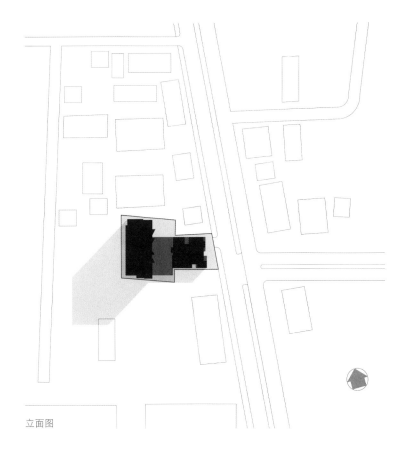

图示
- 绿化区域
- 角形阳台总平面图

立面图

立面图

03 | 从地面看到的三角形半户外阳台
04 | 绿墙环绕的大堂门厅
05 | 穿过办公楼的游泳池

带有种植容器的玻璃护栏布局

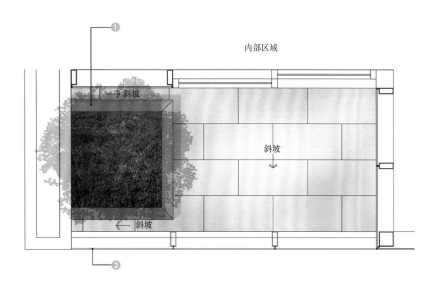

带有种植容器的玻璃护栏截面图

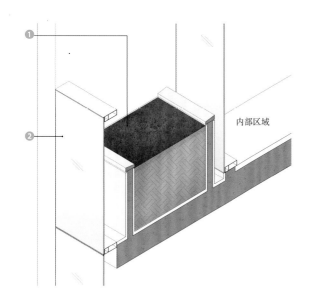

① 混凝土种植容器
② 10 毫米厚的钢化玻璃护栏

带有种植容器的玻璃护栏

07

06 | 空间转换
07 | 楼顶阁楼的用餐区域

741 酒店

地点
美国，加利福尼亚州

面积
5352 平方米

竣工时间
2015 年

装修设计师
Horst 建筑事务所

景观设计
Seasons Landscaping 事务所

摄影
Aris Iliopulos，Chad Mellon

客户
Seven4One 酒店

这座拥有 13 间客房的精品酒店位于加州的拉古纳海滩，在这里可以俯瞰加州里维埃拉的美景。当地的霍斯特建筑事务所最近刚刚完成了对它的翻修和改建工作。该项目体现了具有前瞻性的当代设计审美。同时，与拉古纳海滩古老小屋所散发出的优美韵味一脉相承。例如与之毗邻，建于 1931 年的历史悠久的奥兰治酒馆。酒店的外部立面由可再生木材、耐候钢以及两层高的绿化墙体构成。这些再生木材是从洛杉矶东部拆除的建于 20 世纪初期的建筑中回收利用的。耐候钢的使用增添了尘世的感受和岁月沧桑的韵味。高达两层的绿墙则体现了与环抱这个海滨社区的大山一样激昂的

热情，以及当地居民对可持续性发展的浓厚兴趣。设计者还采用再生木材制作了酒店的窗框。

酒店的现代化庭院拥有可以敞开的天花板，大量的阳光可以照射到内部。庭院的内部还有一个用耐候钢制造的壁炉。为了使酒店与自然和谐共生，设计师精心设计了绿色墙体，从而把自然带入内部空间。夜幕降临的时候，钢制壁炉内的火焰照亮了庭院，人们不仅可以在这里放松和休息，还可以举办各种新颖别致的活动。而且新颖别致的活动也离不开精品酒店这个新颖别致的建筑。

01 | 正面视图展示了酒店与邻近建筑的密切关系
02 | 嵌入在绿墙之中的耐候钢窗框显得韵律十足

原始概念草图

概念研究

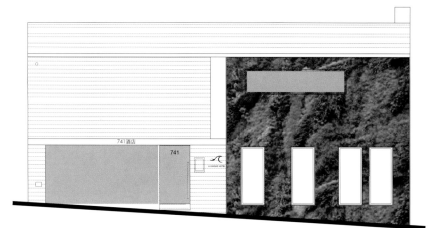

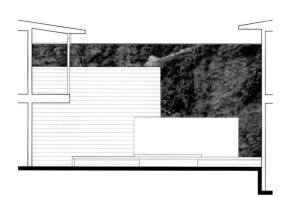

03 | 保护隐私的移动式不锈钢网
04 | 内部庭院

03

绿墙的安装细节

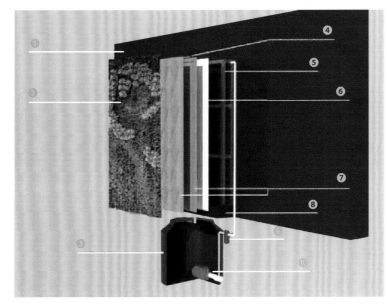

无土栽培或水培技术提供了优越的生长条件。通过使用专用的亲水织物作为生长介质，采用种植袋的生命绿墙系统为建造持久耐用的生命绿墙提供了可持续性方法。自动洒水系统可以将养分输送到特定的植物和地点。这是通过一种经过重新计算的灌溉算法实现的。

这一系统是为较高较长的墙体定制设计的，通过一个定制单元实行全面的控制操作，可以显示系统中可能出现的任何故障。种植袋系统具有健康性、耐用性和自动化功能。在目前市场上的所有系统中，它的维护需求最低，具有自我支持能力。根据室内应用的需要，还采用了特殊的照明系统，达到了日光照射的同样效果。

① 原有外墙
② 植被
③ 用于水处理的循环水箱
④ 滴灌管线
⑤ 金属框架
⑥ 扩大的 PVC 基板
⑦ 灌溉布（两层）
⑧ 收集盘
⑨ 过滤器
⑩ 水泵
⑪ 水箱
⑫ 潜水泵

素坤逸路 38 号
Ideo Skyle—Morph 公寓

地点
泰国，曼谷

面积
2336 平方米

竣工时间
2013 年

景观设计
Shma 有限公司

摄影
Wison Tungthunya，Santana Petchsuk
Chaichoompol Vathakanon

该地位于以高层住宅而著称的素坤逸居住区。随着城市变得越来越密集，像 Morph 这样典型的城市公寓几乎不会给地面的花园留下太多的空间。因此，设计者不仅建议在地面上增加绿化面积，还要沿着 32 层高的住宅立面建造绿色外立面和空中花园。精心设计的种植容器和灌溉细节以及在实际墙面上进行的模拟实验，对于确保竖向绿化的可持续性是至关重要的。

该公寓坐落在曼谷一个清净的高端住宅区内。这是一个密度很低并带有花园的私家住宅区。因此，在这一地区引入这样一个高密度的住宅楼，对于邻居来说是一个十分敏感的问题。

通过"整合"的设计策略，可以创造一个在视觉上和社交方面与相邻环境融为一体的项目。在地面层，公共空间与私有空间的界限被打破。建筑前面典型的实体高墙被更受喜爱的花园空间取代。花园中松林叠翠、绿草悠悠，下面的水景瀑布更是令人心旷神怡。在都市的环境中，这种栽有山地树种的临街花园显得十分突出，吸引了公众的注意力。

在建筑师看来，建筑中有各种不同的空间可以为居民创造空中花园和社交空间。为了应对高空中多风的气候条件，在这些"天空绿洲"

中种植了抗风的热带树种。此外，建筑东西两侧的立面覆盖了绿色的攀缘植物。这些绿色外立面不仅可以减少渗透到建筑内部的热量，还有助于降低耀眼的光线对周围邻居以及整体环境产生的影响。墙面上覆盖的攀缘植物不仅适于多风的环境，还生长迅速并便于维护。每层楼的种植容器可以提供深度为 600 毫米的土壤，并配有自动浇灌系统、方便的维护通道和良好的排水系统，因此便于长期的生长和维护。

在第 32 层，设计师配备了很多特殊设施的空间被划分为三个区域：游泳池区域、带有小屋的活动草坪和设有坐袋的空间，孩子们可以坐在这里享受游戏机带来的快乐。

最终，绿色成为该项目的关键要素，通过绿色外立面、空中花园和地面上的绿化空间，公寓与周围的环境融为一体。这些绿化的区域也成为居民和游客进行社交活动的公共空间，并使公寓成为社区不可或缺的重要部分。

01 | A 栋与 B 栋建筑之间的区域，显示了将两栋建筑之间绿墙的连接

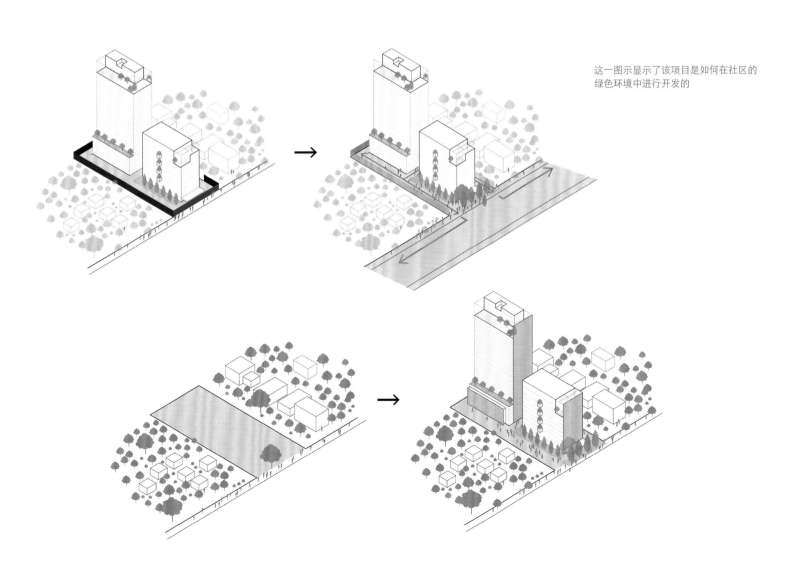

这一图示显示了该项目是如何在社区的绿色环境中进行开发的

绿墙的截面图和细节

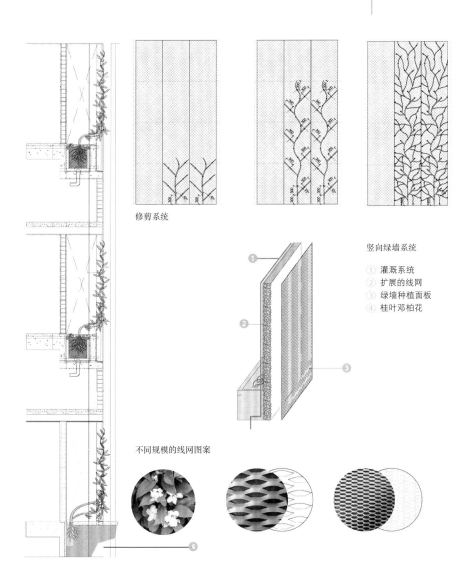

修剪系统

竖向绿墙系统

① 灌溉系统
② 扩展的线网
③ 绿墙种植面板
④ 桂叶邓柏花

不同规模的线网图案

02 | 走近素坤逸路 38 号，可以看见建筑的前部庭院，水景和
　　　绿化区域形成了它的边界
03 | 包括主入口在内的景观区域都采用了类似树皮的图案格局

平面图

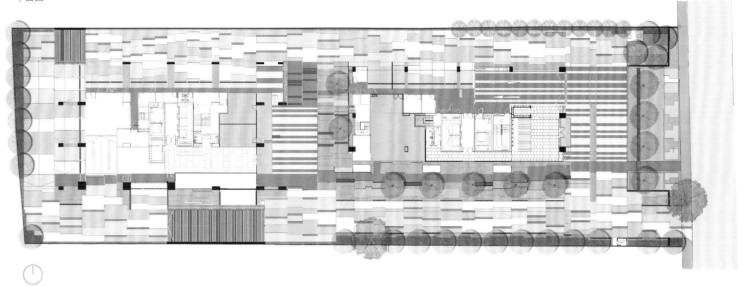

04 | 行人可以穿过花园去往 B 栋的主入口
05 | 沿着步行道设计的小屋可以用于休闲放松
06 | 位于 B 栋八层微风习习的花园

04

因卡索

地点
墨西哥，墨西哥城

面积
402 平方米

竣工时间
2013 年

景观设计
FOM/VERDE VERTICAL 设计事务所

摄影
VERDE VERTICAL 设计事务所

客户
INCARSO

01 | 落日余晖中的绿色外立面
02 | 从 Jumex 博物馆看到的剧院和 Soumaya 博物馆

在该市的一个老工业区内,有一个由博物馆、公园、剧院和商业区构成的开发区。该项目旨在赋予 Telcel 剧院的主体建筑自然和谐的韵味,将现代的体验与自然紧密结合,在周围环境中产生丰富鲜明的对比效果。

设计者选择四种植物创造了生动鲜活的绿墙,并形成了条带的形状,使裙楼部分与自然景观和周边的建筑浑然天成。通过简单合理的设计,使剧院看上去别具一格,尤其在朝阳第一缕光芒的照耀下,呈现出令人惊叹的秀美。

绿色外立面可以吸收声波并将其散射开来,在嘈杂的环境中,这一特性为剧院提供了良好的噪声屏蔽功能。这种类型的绿色外立面也构成了一个在结构上变化的生命墙体。它们是一种固定在混凝土基座上的自支撑结构。由于这种结构要起到降低噪声的作用,就必须含有培养基质。结构中内置的管道构成了自动灌溉系统,因此基质永远都不会干燥。它们还有处理空气污染的能力,因此也被称为生物过滤墙。众所周知,植物可以通过光合作用将污染物吸收到叶片当中,随后,树叶在秋天飘落到地面。通过自然的过程,树叶和污染物经过降解进入地面的土壤中。此外,树根还能捕捉和降解各种污染物和温室气体。

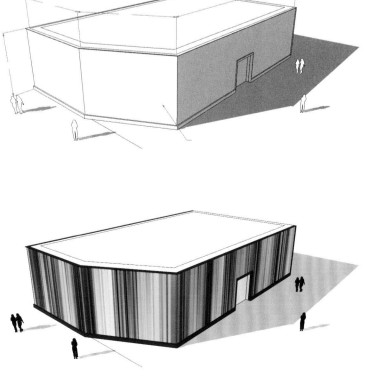

设计和概念形成的过程

03

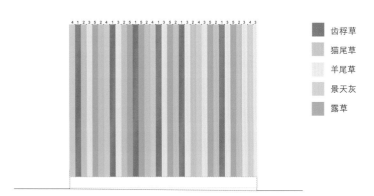

齿稃草

猫尾草

羊尾草

景天灰

露草

技术种植图

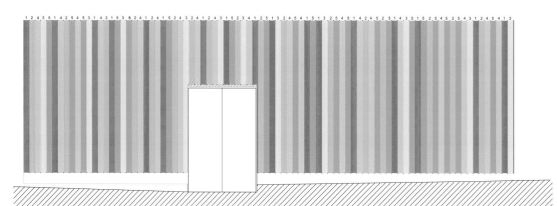

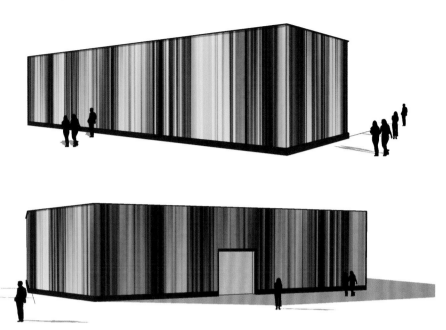

最终设计评审图纸

03 | 绿色外立面上植物形成的条纹
04 | 绿色外立面的全景视图
05 | Telcel 剧院的远景图

李光前自然历史博物馆

地点
新加坡

面积
4424 平方米

竣工时间
2015 年

景观设计
狄艾拉设计 (S) 私营有限公司

摄影
Bernd Michael Schernau

客户
Robin Village Development 私营有限公司

获奖情况
空中绿化奖、2015 年优秀设计奖

2015 年 4 月 28 日，万众期待的李光前自然历史博物馆正式开馆。莱佛士自然历史收藏也终于在新加坡国立大学的肯特岗校区落户安家。该建筑由新加坡建筑师孟威威设计，坐落在一个犹如巨大岩石一样的景观之中，显现出岁月侵蚀和自然雕琢的痕迹。

景观设计体现了四个主题故事情节。在它的清水混凝土外墙立面上，由多种植物以不同种植深度构成的绿墙仿佛要突破建筑的悬臂式"崖面"而出。作为建筑元素，绿墙对建筑本身的热量吸收起到了有效的屏障作用，从而降低了能源的消耗。为了便于维护，在竖向绿化植被的后面设有一条通道。绿墙的另一个好处就是为其他生物创造了一个充满诱惑力的栖息地。这里还种植了新加坡特有的植物，它们在红树林、沼泽和旱地区域这样极其苛刻的条件下也能生存。在建筑的北面，是陆地森林海滩。

这里的景观设计采用了热带雨林和沿海地区的植物。在建筑的东面以及整个外围区域是一个以植物进化历史为主题的花园，展示了植物从藻类的基本生命形式到更为复杂的单子叶植物和双子叶植物的进化过程。在自然历史博物馆，只栽种了当地的植物，这些植物的选择是基于它们自然生长的实际环境。它们出现在这里不仅为人们带来了视觉方面的享受，还具有深刻的教育意义。

该项目一共种植了48 个品种的 265 棵树木和 4 个品种的 143 棵棕榈树。树木品种包括琼崖海棠和巨港印茄木，棕榈树品种中则包括了红椰子。在景观设计中还采用了 20 种灌木和地被植物，其中包括毛杜鹃、文殊兰、密花龙船花和山菅。此外还选择了白苇兰和海南木榄这样稀有的当地植物。

雨水收集系统确保了整个景观区域内拥有足够的蓄水用于自动灌溉系统。

01 | 在建筑构思中，自然历史博物馆被设想为一块原始的巨石，其中一侧被风化的表面上长满了适合这一"悬崖景观"的各类植物

02 | 从悬崖和海边栖息地选择的物种成为多姿多彩的植被中的一部分

多层次种植形式的展开截面图

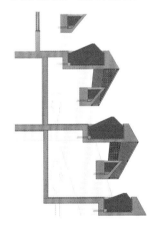
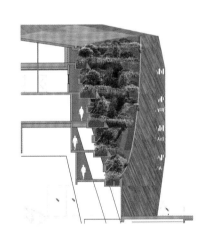

该截面图突出显示了通过种植容器和土丘的形式研究所形成的"悬崖景观"的概念

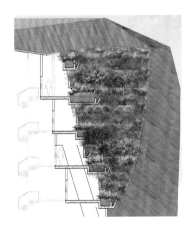

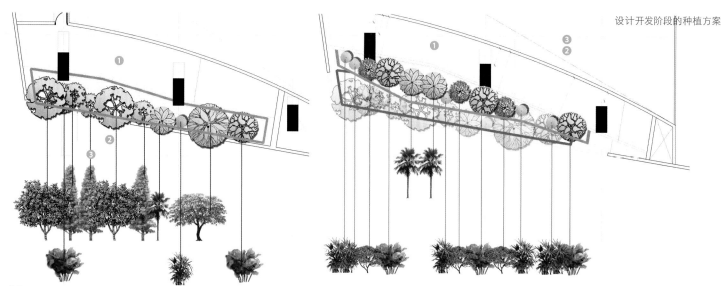

设计开发阶段的种植方案

第二层绿墙的平面图

第三层绿墙的平面图

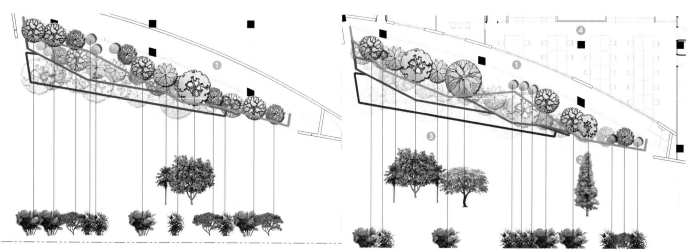

第四层绿墙的平面图

第五层绿墙的平面图

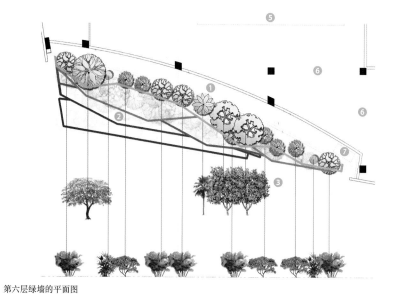

第六层绿墙的平面图

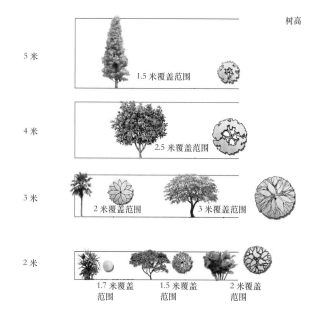

树高

5 米   1.5 米覆盖范围

4 米   2.5 米覆盖范围

3 米   2 米覆盖范围   3 米覆盖范围

2 米   1.7 米覆盖范围   1.5 米覆盖范围   2 米覆盖范围

① 钢筋混凝土壁架（仅维修时可以进入）
② 倾斜的种植容器边缘
③ 上部的中间种植容器
④ 研究实验室
⑤ 第五层办公区的天花板线
⑥ 结构梁
⑦ 便梯

03 | 博物馆高于周围的一切建筑和事物，这也进一步暗示了它的建筑概念：使这块古老的巨石产生一种被自然雕琢和岁月侵蚀的表象

04 | 在建筑的后面，一个"景观的横断面"展示了从内陆森林到沿海地带自然生长的各种植物

会安阿特拉斯酒店

地点
越南，广南

面积
1348 平方米

竣工时间
2016 年

景观设计
Nghia Architects, Le Thanh Tung,
Pham Huu Hoang, Nguyen Thi Ha Vi, Le Thanh Tan,
Nguyen Ngoc Thien Chuong

摄影
Hiroyuki Oki

客户
DANH 有限公司

会安阿特拉斯酒店位于会安的"老城区",自从被联合国教科文组织认定为世界遗产之后,该地区得到了快速发展。近一时期,大多数古宅已经被改建为商店和餐馆,为每天涌入的游客提供服务。这里的居住区以美丽的瓦片屋顶景观和内部庭院而著称,这些庭院在室内外之间创造了层次分明的特色空间。在商品经济洪流的冲击之下,这些特色正在逐渐消失。结果老城区失去了安静平和的生活方式所独有的魅力。

阿特拉斯酒店虽然位于一个形状极不规则的地块之上,但是却通过设计把这一制约条件转化为独有的特色和优势。线性的平面布局被划分为若干个内部庭院,并通过将建筑提升到地面之上,使地面层完全畅通无阻,创造了一个互通的庭院网络。这种空间特色不仅体现了新会安的生机与活力,还保留了老城的韵味和魅力。

这座五层的酒店包括 48 间客房以及餐厅、咖啡厅、屋顶酒吧、水疗馆、健身房和游泳池等休闲娱乐设施。由于建设场地的复杂性,每个房间要比普通酒店的房间短、宽一些。这不仅没有成为一个问题,反而使这些房间拥有更多的机会近亲绿色植物,不仅在卧室中,就是在浴室之中也能看到青葱的绿色。

通过减少穿过建筑表面的热量增益和损失,该项目的绿墙可以降低制冷和供热的成本,并有助于除去空气中的污染物,但是其效力根据植物的品种和覆盖面积的不同也会发生变化。叶片密度高的植物,或者带有纹理的叶面可以捕捉到极小的颗粒,通过叶面的干沉积作用和雨水的冲刷,可以消除微粒污染。生命墙上覆盖的一层植被,使本来吸热的建筑材料被遮蔽起来,起到了降温的作用。

建筑的立面包盖着取自当地的砂岩块,并配以裸露的混凝土板和一系列沿着走廊设置的种植容器。这些沿着酒店整个立面设置的种植容器不仅起到了遮阳的作用,还为内部空间提供了清凉的空气,起到了通风的作用。此外,多孔的石墙可以使自然光线和气流同时进入内部空间。这一方案通过自然通风减少了空调设备的使用。绿色和自然元素的运用体现了事务所独到的情趣和"树屋"的概念:将绿色植物融入设计中,作为振兴城市和促进社会进步的手段。在阿特拉斯酒店的核心区域,人们与自然再次相融。

01 | 建筑的绿色外立面

带有一层平面图的总平面图

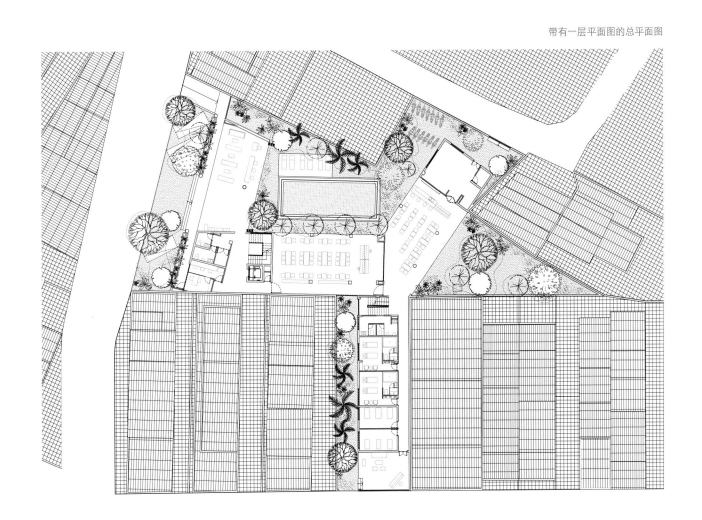

02-03 | 向上观看由植物和砂石构成的外墙

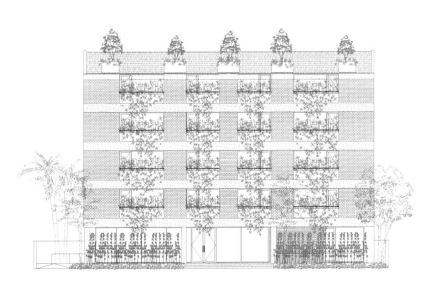

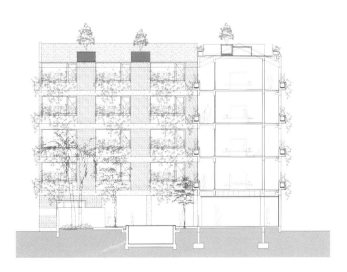

立面图和横截面图

04 | 映入湖中的植物倩影
05 | 绿荫环抱的餐厅
06 | 与景观相通的接待处
07 | 带有绿化阳台的客房内部

Airmas Asri
建筑事务所办公楼

地点
印度尼西亚，雅加达中区

面积
2200 平方米

竣工时间
2014 年

景观设计
Airmas Asri 建筑事务所

摄影
安东尼·阿迪

客户
Airmas Asri 建筑事务所

该项目所在的门腾地区是雅加达最主要的居住区之一。该区是在1910 年至 1918 年的荷兰殖民统治时期规划并建造的,意欲成为当时印度尼西亚的第一个热带花园城市。政府也将这个历史悠久的地区设为保护区域。幸运的是,这个地区的保护政策并不十分严格,这就意味着这里现有的房屋可以得到进一步开发。该项目位于西基尼第四大街和第五大街的交会处,原有的老房屋遍布在四周,因此需要更为谨慎和精巧的设计方法。

为了体现门腾地区作为花园城市和保护区的特征,我们决定将"绿色"作为其主要的特色,让绿色回归城市。实际上,雅加达的名字与树木具有相同的意思,雅加达的很多地区都以树木、花卉或者果实的名称来命名。例如,異他格拉巴(椰子——雅加达的原名)、珍巴卡布迪(白玉兰),而门腾则是一种罕见水果的名字(木奶果),等等。

我们还打算把自己的办公楼发展成种植绿色植物的实验室。因此采用了几种不同类型的绿墙:栽有不同品种藤本植物的绿墙、栽有不同品种绿篱植物的绿墙、岩棉作为栽培基质的绿墙和墙壁上布置花盆的绿墙等等。

Airmas Asri 事务所一直考虑在雅加达喧闹的市中心建立一个舒适安静的工作环境。最终,花园式办公室成为理想的选择。这是一

种绿色建筑的应用,建筑的水平和垂直方向上都遍布着绿色植物,创造了内部的小气候。这些绿色植物与众多的天窗和实体之间的空隙结合在一起,实现了温度控制和空气循环,并使进入室内的阳光达到了最佳效果。

由于该设计方案是基于办公室扩建需求而进行的,因此,总的看来,这并不是一个总体性规划,而是随着时间的推移对建筑进行的扩建。这也促使我们在不同的空间之间创造了过渡区域,使用户拥有聚会和社交的场所,为拥挤不堪的雅加达中心城区打造了一块花园中的绿洲。

01 | 绿色与蓝色相互掩映,竖向绿化为工作区域提供了遮阳的功能
02 | Airmas Asri 建筑事务所办公楼的外部景观

青葱茂盛的绿化

东南侧立面图

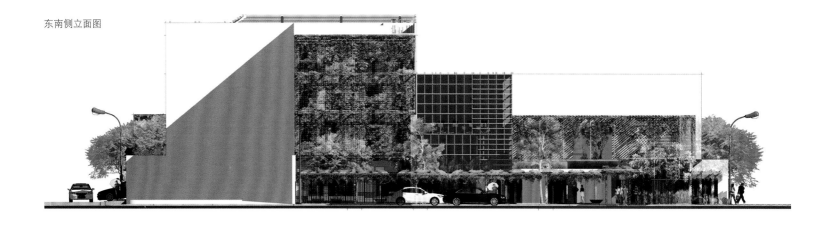

西南侧立面图

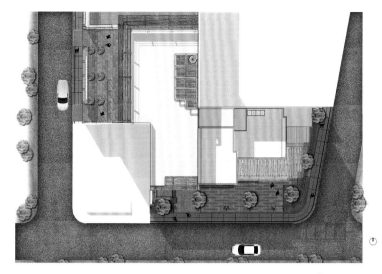

街区平面图

03 | 外部的绿墙

04 | 办公楼的中心是一个开放的内部庭院，包括一个被绿色植物遮掩的社交空间，创造了一
个温度适宜的环境，降低了日光照射的强度

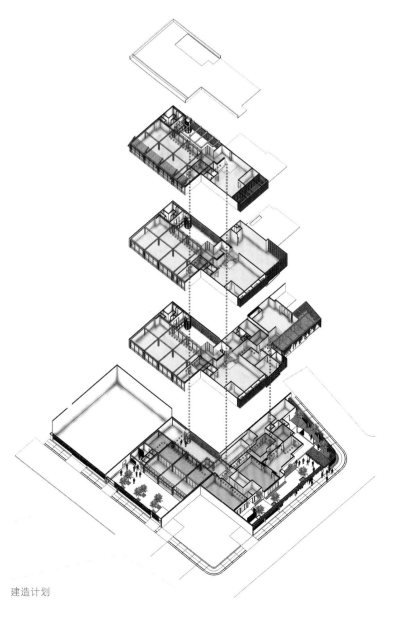

建造计划

工作场所和办公楼的后院

05 | 在庭院的绿荫下依然可以享受日光浴
06 | 清净的会议区覆盖着葱翠的绿色植物
07 | 主入口散发出自然的气息

工作区域截面图

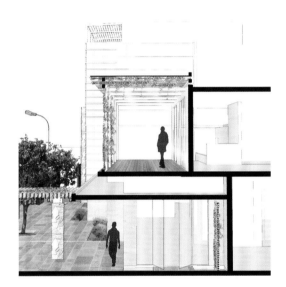

入口截面图

绿色的后院

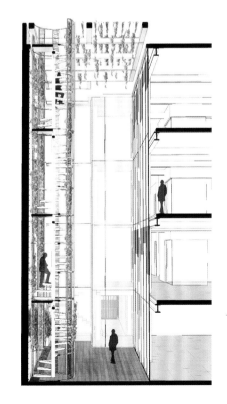

内部庭院

度假屋

地点
越南，岘港市

面积
81 平方米

竣工时间
2012 年

景观设计
Ho Khue & Partners 事务所

摄影
Hiroyuki Oki

客户
Nguyen Xuan Khiet

当今,越南的城市正在快速扩张,由于采用了对称形式和统一样式的建筑(联排别墅),形成了枯燥乏味的建筑形态。建筑内部通常是封闭和狭窄的,只有通过独特的设计和竖向绿化才能实现热量的吸收。

为了通过别出心裁的设计创造出既有精美外观,又具有自然通风功能的建筑,设计师们希望在岘港的城市街区内打造出极具趣味的特色,以实现下面的目标:

• 生活在凉爽、舒适和开放的居住环境中。
• 享有配置了游泳池、花园、树木,并拥有自然通风功能的室内空间。
• 在房屋周围可以自由移动,畅通无阻。
• 屋顶花园可以吸收热量,并成为有用的生活空间。
• 采用高品质的天然材料增加独特而持久的美感。
• 节约能源、节省成本。

设在一楼的游泳池长达 9 米,不仅全家都可以在里面尽情畅游,大量的池水也是降低室内温度的重要因素。中部的开放式绿化空间产生的大量新鲜空气,可以通过开放式的楼梯和小桥到达住宅的每一个角落。家庭的每一个房间都享有清新自然的环境。玻璃门扩大了观赏开放式绿色空间的视野。错层式的过渡巧妙地将不同的房间相连,这比封闭的实体墙壁更具吸引力,以产生精美的视觉景观。自然光线透过天窗、开放空间和墙壁上的开孔进入室内,创造了

一个有益于健康的明亮环境。与那些通风性差,采用人工照明并吸收热量的房屋相比,自然采光和自然通风的结合是极有益处的。建筑师为"度假屋"设计了颇具创造力的解决方案,比如带有装饰性功能的混凝土百叶窗帘。它们允许自然光线通过,却将炎热的直射阳光屏蔽。在控制温度和光线的同时,它们还呈现出优雅和舒缓的气息。

越南岘港是一个阳光明媚的城市。屋顶花园抑制了房屋通过屋顶吸收的热量。青草和绿色植物为房屋提供了一层保护性的"肌肤"或护套,减少了热量辐射。这些屋顶花园还扩展了生活区域,尤其适合夜晚的观星、烧烤和放松休闲活动。天然的屋顶公园就这样在您的家中出现了。

住宅的西面(热量暴露的墙面)设计成采用特种砖建造的墙壁,上面开设了众多的通风孔,既可以屏蔽直射的阳光,又可以允许气流通过。这一思路借鉴了越南中部地区民间传统窗帘的原理。

住宅的主立面采用树木和植物降低来自街面的噪声污染和灰尘。这种天然的过滤器也为街区和住宅本身增添了美感。为了创造自然的环境,设计师还采用了装饰性混凝土、天然的岩石和砖头以及石头地面,这些材料不仅吸热较少,而且增加了天然的美感。同时,室内的细节也体现了建筑与自然的和谐统一,铁艺装饰、木制家具、竹制器具和陶器更是随处可见。

01 | 拥有外景视野的第三层花园

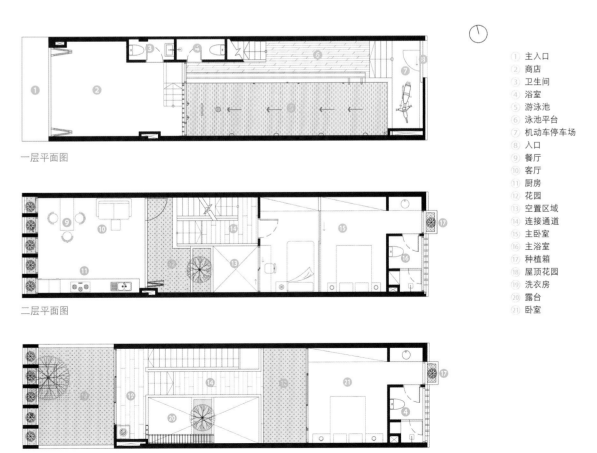

一层平面图

二层平面图

三层平面图

① 主入口
② 商店
③ 卫生间
④ 浴室
⑤ 游泳池
⑥ 泳池平台
⑦ 机动车停车场
⑧ 入口
⑨ 餐厅
⑩ 客厅
⑪ 厨房
⑫ 花园
⑬ 空置区域
⑭ 连接通道
⑮ 主卧室
⑯ 主浴室
⑰ 种植箱
⑱ 屋顶花园
⑲ 洗衣房
⑳ 露台
㉑ 卧室

越南的城市现状

目前的越南城市是由单调乏味的几何造型建筑构成的

我们必须展望未来

对未来充满希望

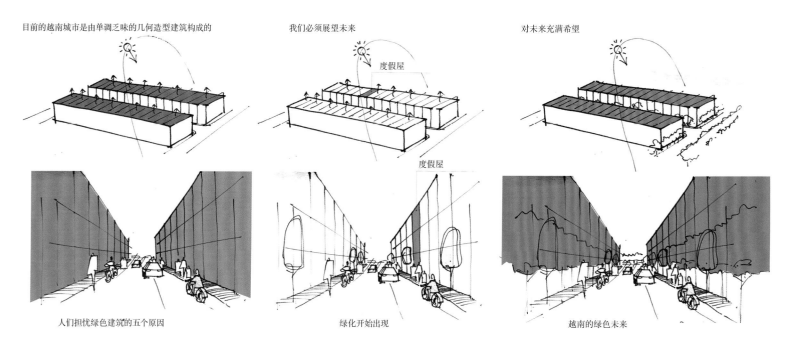

度假屋

度假屋

人们担忧绿色建筑的五个原因

绿化开始出现

越南的绿色未来

02 | 晚间的植物和灯光
03 | 众多的百叶窗式种植箱形成了一个垂直花园，不仅改善了建筑内部的环境，也增添了建筑外部的美感
04 | 窗口上的树木降低了来自街道上的噪声、热量和污染程度
05 | 建筑的西面采用了特殊设计的砌砖方式，降低了热量吸收，增添了美感

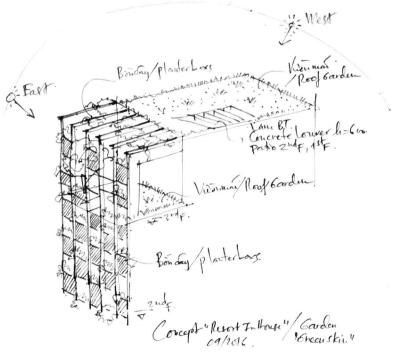

手绘的构思草图

06-07 | 玻璃的运用、具有创意的楼梯和开放式的设计，
创造了开放式的内部生活空间和亲近自然的感受

08 | 在第三层的空缺区域内，修建了一座将不同的房间
相连的小桥

09 | 一楼的外墙采用天然石材砌成，旁边是游泳池

10 | 二楼的厨房和家庭活动室都是开放式的，绿色植物
对外部的光线起到了过滤作用

11 | 由于采用了玻璃门，三楼的卧室被扩大，具有观赏
外面花园的视野和充足的自然光线

东   西

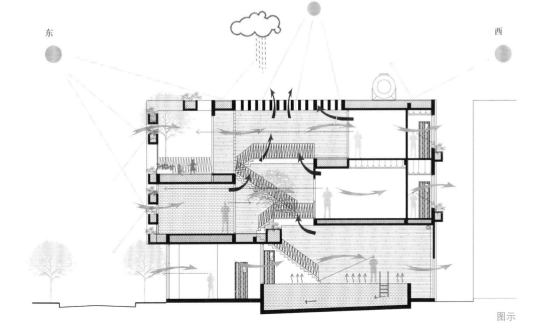

图示

布尔诺附近斯拉夫科夫（奥斯特利茨）的实验建筑

地点
捷克共和国，布尔诺附近斯拉夫科夫

面积
249 平方米

竣工时间
2015 年

景观设计
Zdeněk Fránek (Fránek 建筑事务所），
Libor Musil (Liko-S) 事务所，
Michal Šperling, Dalibor Skácel 事务所

摄影
BoysPlayNice

从建筑和工作环境的角度看，LIKO-NOE 公司的办公大楼堪称采用生态设计方法的典范工程。它运用了自然的热稳定性原理，且建筑的供暖和制冷主要采用天然资源，力图把对周围环境产生的影响降至最低。该项目利用人工湿地对雨水和废水进行重复利用处理，使建筑的地基底层土壤通过光热墙进行加热，从而提高了热泵的效率。

这种方法证明了艺术与科学之间不再是并行的关系，而是可以互相渗透的关系。这种设计构思来源于试图涵盖和遵循最多生态标准的决心。随后，这些生态标准都成为设计的主要题材。生态原则绝不是为了使建筑变得更为引人注目，也不是论证性的炫耀。相反，它已经成为一种结构，成为建筑不可分割的组成部分。

今天，绝大多数的现代建筑都试图通过昂贵的技术获得舒适的工作环境，而建筑（立面）本身却将大量的热能散发或辐射到周围的环境中。另一方面，我们的设计师采取了完全不同的设计方法，其设计灵感源自于由清水和绿色植物定义的绿洲所具备的功能。本着这一精神，设计师们决定设计全新的实验发展中心——LIKO-NOE 大楼。最终，该建筑成为一个经典的范例，不仅控制了建筑内部的热量，还实现了与自然环境之间的生态平衡，并且有效地维持了足够的水位。

生命外墙立面——由于茂密的绿色植物不会聚集热量，因此整个建筑都覆盖着绿色的植被。一个具有灌溉功能的生命外墙在屏蔽了外部热量的同时，也降低了内部的温度。在相同的环境下，普通的建筑与带有生命外墙的建筑相比，其内部温差在夏季可以达到10℃左右，这是十分惊人的。

雨水和废水的利用——生命外墙的灌溉用水由一个独特的根净化系统提供，该系统可以净化建筑产生的废水。净化系统直接安装在建筑的屋顶和墙面上生长着植物的地方。净化系统的另一个重要部分是一个澄清池，它收集经过根净化系统处理后的净水，以及雨水或径流。它还发挥着蓄水池的作用，可以在旱季和雨季来临时调节水位的平衡。

该项目采用了自然热稳定系统——建筑内部只利用自然资源实现供热和制冷的功能。对于供热，LIKO-NOE 大楼只采用太阳能和热泵，而制冷则利用了来自于大楼地下室内聚集的清凉空气。

01 | 根部废水处理的湖泊

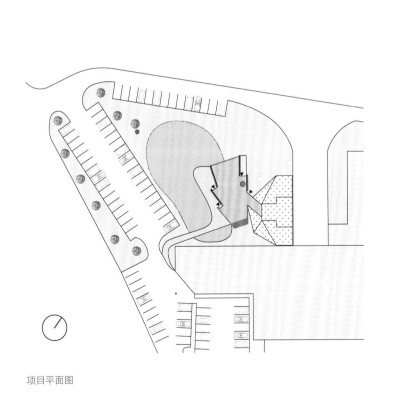

项目平面图

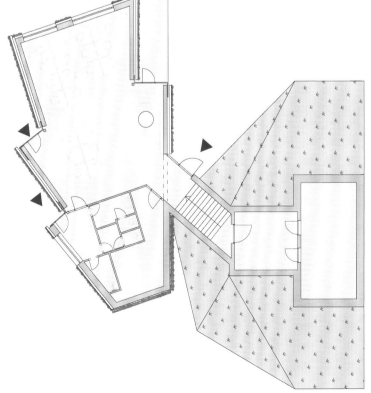

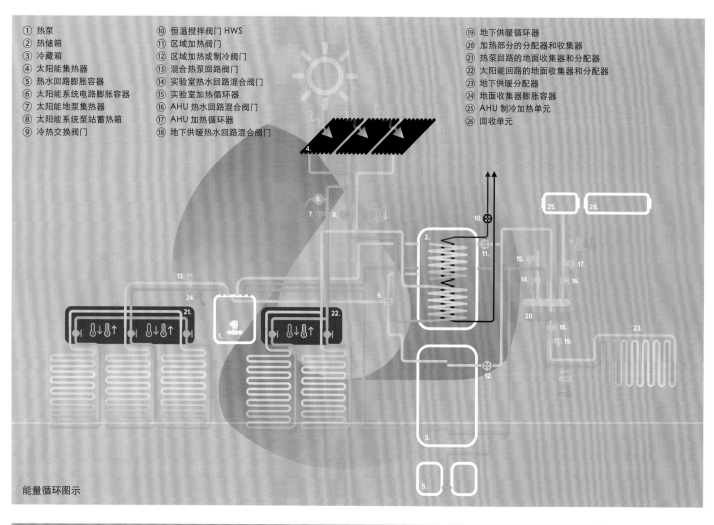

① 热泵　　　　　　　　　⑩ 恒温搅拌阀门 HWS　　　⑲ 地下供暖循环器
② 热储箱　　　　　　　　⑪ 区域加热阀门　　　　　⑳ 加热部分的分配器和收集器
③ 冷藏箱　　　　　　　　⑫ 区域加热或制冷阀门　　㉑ 热泵回路的地面收集器和分配器
④ 太阳能集热器　　　　　⑬ 混合热泵回路阀门　　　㉒ 太阳能回路的地面收集器和分配器
⑤ 热水回路膨胀容器　　　⑭ 实验室热水回路混合阀门　㉓ 地下供暖分配器
⑥ 太阳能系统电路膨胀器　⑮ 实验室加热循环器　　　㉔ 地面收集器膨胀容器
⑦ 太阳能地泵集热器　　　⑯ AHU 热水回路混合阀门　㉕ AHU 制冷加热单元
⑧ 太阳能系统泵站蓄热箱　⑰ AHU 加热循环器　　　　㉖ 回收单元
⑨ 冷热交换阀门　　　　　⑱ 地下供暖热水回路混合阀门

能量循环图示

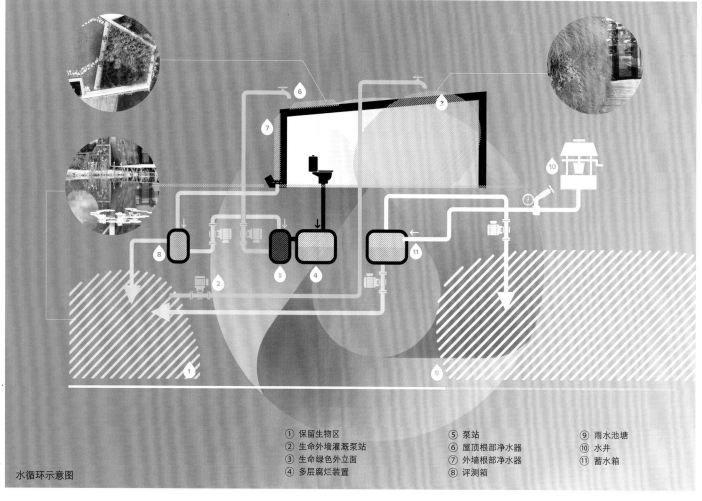

　　　　　　　　　　　① 保留生物区　　　　⑤ 泵站　　　　　⑨ 雨水池塘
　　　　　　　　　　　② 生命外墙灌溉泵站　⑥ 屋顶根部净水器　⑩ 水井
　　　　　　　　　　　③ 生命绿色外立面　　⑦ 外墙根部净水器　⑪ 蓄水箱
　　　　　　　　　　　④ 多层腐烂装置　　　⑧ 评测箱

水循环示意图

02 | 绿色的屋顶和后部的外观立面
03 | 霓虹灯照射出"我必须建造它"
　　的字样
04 | 在冬季寒冷的早晨使用的壁炉

05-08 | 办公室前面的草坪
09 | 生命外墙
10 | 随着岁月的流逝, 生命外墙的颜色也随之改变
11 | 总公司的会议空间

赫尔斯塔尔市政厅

地点
比利时，赫尔斯塔尔

面积
1.25 公顷

竣工时间
2016 年

景观设计
Frederic Haesevoets 建筑事务所

摄影
Christophe Vootz

客户
赫尔斯塔尔市

比利时赫尔斯塔尔的新市政厅，是以令人惊讶的创新性设计理念进行开发的，为公众提供了一个别具一格的绿色空间。格子造型的外墙立面由独特的绿色"墙砖"构成，并与玻璃和固态面板结合在一起。在总计 2500 平方米的建筑外墙表面上，大约有 1000 平方米的部分覆盖和点缀着绿色植被。

一般来说栽有植被的外墙通常被设计为一个更为巨大的整体墙面。但是这里却完全不同，每一块植被都是独立设置和分别维护的。这不仅意味着在必要的时候可以方便地替换每块绿墙植被，还意味着在外墙上可以栽种更多品种的植物。在外墙设计中，一共采用了2.3 万株植物。选择植物品种的依据主要是隔离性和保水能力，以及每块面板与太阳形成的角度和方向性。在设计过程中，建筑师们

采纳了法国景观园艺师路易斯·贝内奇的建议，他曾经通过翻修使巴黎的杜乐丽花园焕然一新。

每块绿墙单元都有自己的供水系统，它们设置在每块面板的上部，在一个封闭的回路中确保了用水回收系统的正常运行。此外，市政厅的能源消耗非常低，这主要是因为栽有植被的绿色外立面在夏季可以起到降温的作用，在冬季则起到保温的作用，这更像绿色屋顶所发挥的作用。

为这个项目专门研究的结构化绿色外立面，给建筑塑造了与众不同的视觉形象，并最大限度地满足了人们的感官体验，成为视觉、嗅觉和听觉的盛宴。

01 | 绿色外立面的全貌

建筑的总体平面图

02 | 空中俯瞰图
03 | 绿色外立面赋予了建筑特殊的身份标识
04 | 呈现出格子造型的绿色外立面图案

绿色外立面平面图

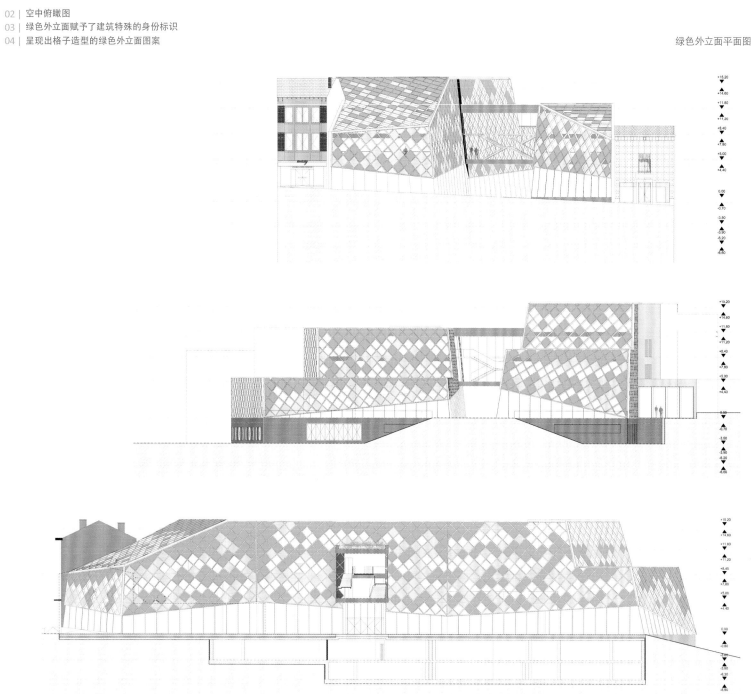

05 | 从走廊看到的绿色外立面
06–07 | 从建筑内部看到的方形"墙砖"
08 | 绿色外立面的侧视图

康华花园

地点
新加坡

面积
1494.7 平方米

竣工时间
2014 年

景观设计
CHANG 建筑事务所

摄影
Albert Lim KS

客户
周氏家族

该项目是为一个四世同堂的家庭设计的，其设计方式再现了提高热带生活的乐趣和活跃当代热带环境下共同生活的理念。在这里，家庭成员生活在一个彼此相连的社会空间里。

这所住宅沿着康华花园路而建，被一个"优等平房区"（GCBA）内的独立式别墅包围在其中，属于武吉知马规划区。

对于一个四代人居住的住宅，严格控制的占地面积为满足空间需求带来了巨大的挑战。然而，在设计过程中，这却成为一个重要的灵感之源，促使一系列空隙和缺口出现在设计方案中，提高了自然光线进入室内空间的穿透性，改善了通风效果，并有助于各种热带灌木和水生物的生长。

住宅的东侧立面正对着康华花园路，高达两层的临街罩面上开设了很多开口。作为主要结构的炭化原木成为噪声和空气污染的过滤器。在东方人看来，木炭不仅可以产生地气，也象征着好运。

在外墙的后面，住宅的边缘地带被塑造为适合生活的空间。这些空间与自然之间形成了你中有我的关系，即家庭与自然同呼吸、共命运的空间。为了实现被动降温，并创造一个基本健康的环境，植物和水体成为总体规划的重要部分。

在入口的门厅，一段有着渗漏历史的旧挡土墙正好使这一区域转变成一个瀑布水景。瀑布用流水的声音迎接着客人，在各个楼层都可以领略这个水景的迷人魅力。

该地倾斜的地形致使建筑的剖面与洞穴居所的空间结构十分相似。为了适应场地面积而采用的组合式结构，可以作为种植容器栽种热带果树，从而降低周围的温度，为内部空间起到隔热的作用。在方案中，这里建有被绿色植物覆盖的景观平台，竖直级联的种植容器围成了一个中心水池。这些也是雨水利用系统的集水区，收集的雨水可用于灌溉。

在生活区域的空间可以俯瞰这个中心空间，其周围是彼此相连的金属网状种植阳台。这些半穿孔的金属面板和屏风，使中部空间的视觉交流不受阻碍，并保护了部分内部空间的私密性。扩展延伸的钢网可以使茂盛的植物生长出阳台之外，人们在室内外都可以欣赏到它们的芳容。

生活区域的种植阳台形成了一座连贯流畅的桥架，上面栽满了百香果。这座桥以相同的钢网进行装饰，将跨度为 16 米，深度为 6 米的 U 形区域两端相连。密布的攀缘植物有效地遮蔽了落日的余晖，也屏蔽了两家邻居的视线，提高了住宅的私密性。

01 | 从屋顶花园上可以看到住宅是如何依照地形而呈现阶梯式下沉的，在整个平面布局的中心形成了一个类似露天剧场的结构

屋顶平面图

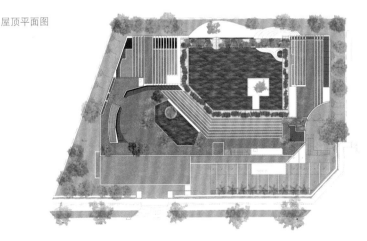

二层和阁楼平面图

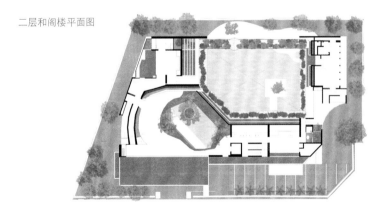

地下室负一层平面图

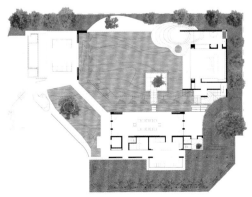

一层和二层平面图

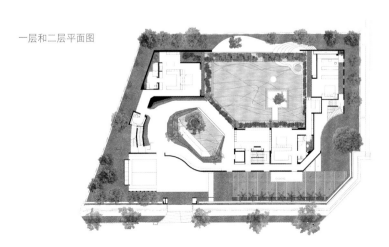

前部（东侧）立视图

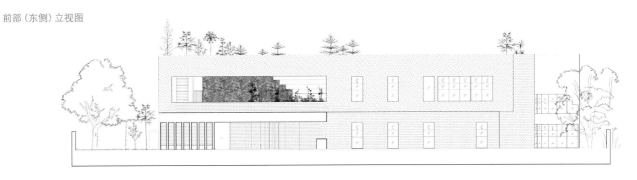

后部（西侧）立视图

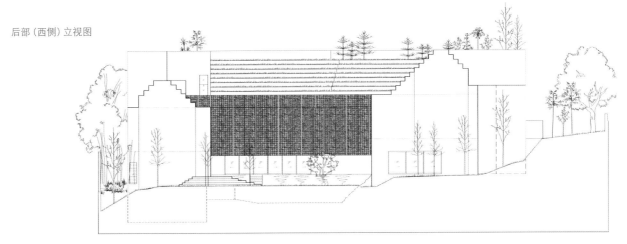

02 | 右侧设有图书室的门厅空间
03 | 原有的挡土墙被改造成瀑布水景，为这里的空间创造了
宁静的背景氛围
04 | 住宅的内部就是一个自然的庇护所，生活空间与原有的
地形和谐相融

① 原有的边界或挡土墙
② 种植带
③ 泳池平台,硬木的平台系统采用了砂浆水泥
　找平的防水措施
④ 经过涂饰的空心钢制栏杆
⑤ 扩张的金属网形成一道安全的屏障,并长满了百香果藤蔓
⑥ 种植桥架,由枕木似的木板、轻质的种植介质、
　FRP防水层、扩张的金属网和空心的钢制支撑
　部分构成
⑦ 原有住宅中回收利用的灯具
⑧ 经过涂饰的种植桥架的钢结构部分
⑨ 从邻居蔓延过来的攀缘植物
⑩ 种植桥架
⑪ 阳光平台大小不一,采用"苏加武眉"的板条制成,表面呈光滑和裂开状
⑫ 平台下的雨水利用水箱
⑬ 游泳池的四壁采用"苏加武眉"的板条制成,表面呈光滑和裂开状
⑭ 种植阳台
⑮ 种植箱

⑯ 屋顶或露台景观,由草坪、土壤土工织物层、
　排水垫层、砂浆水泥防护层和防水层构成
⑰ 户外柜台,采用了不锈钢背板、集成式条形灯具、
　混凝土顶板、用冲刷的卵石装饰的柜台门
⑱ 木炭墙,湿木炭被钻入木炭和墙壁的木钉,并以
　一定的间隔固定在墙上
⑲ 竖直的无框窗户带有1米高的透明
　玻璃屏障
⑳ 种植室的天窗位于更衣室

截面图细节

05 | 从康华花园(街道名)看到的住宅,住宅的正面外观掩藏了内部私密
　　的空间和起伏的地势
06 | 住宅前部的绿色植被层层相连,与街道上的植物和树木交织在一起

07 | 书房和种植桥架
08 | 阳台将卧室彼此连接在一起
09 | 一间卧室的情景
10 | 浴室的情景

05

06

07

08

09

10

南京垂直森林

地点
中国，南京

面积
2.3 公顷

竣工时间
2016—2018 年

景观设计
**Stefano Boeri 建筑事务所，Carolina Boccella，Bao Yinxin，
Giulia Chiatante，Agostino Bucci，Mario Tang Shilong**

摄影
Stefano Boeri 建筑事务所

客户
南京杨子国有投资集团有限公司

南京绿塔位于南京市浦口区（这一区域注定会带动江苏南部地区的现代化建设和长江经济区的发展），两座绿塔的外观以阳台和绿色植物的种植箱错落有致的布局为特色，与米兰垂直森林的设计原型相类似。

沿着建筑的外部立面，栽植了 600 棵大树，500 棵中型树木（总共 1100 棵树木包括了当地的 23 个树木品种）。另外，2500 棵垂生植物和灌木将覆盖 6000 平方米的区域。一个真正的垂直森林有助于再现当地的生物多样性，每年将吸收 25 吨的二氧化碳，并且每天将产生大约 60 千克的氧气。

较高的一座塔楼高达 200 米，顶部犹如一个绿色的灯罩，其内部将是办公区域。从第 8 层到 35 层，将设有一个博物馆、一所绿色建筑学校和一个屋顶上的私家会所。另一座塔楼只有 108 米高（354 英尺），将为君悦酒店提供 247 间客房，客房的面积从 35 平方米到 150 平方米不等。此外，设计师还在楼顶上设置了游泳池。在 20 米高的裙楼里，将提供商业、娱乐和教育的功能设施，包括众多的品牌商店、一个食品街、若干餐馆、会议大厅和展览空间等。

南京垂直森林项目预计在 2018 年竣工，也是继米兰和洛桑之后的第三个具有城市森林功能和去矿化功能的项目。Stefano Boeri 建筑事务所将会在世界各地继续建造这种建筑，尤其是其他的中国城市，包括石家庄、柳州、上海和重庆等地。

02

01–03 | 南京垂直森立的透视效果图

03

垂直森林

地点
意大利，米兰

竣工时间
2014 年

景观设计
Studio Emanuela Borio and Laura Gatti

事务所
Boeri 工作室 (Stefano Boeri, Gianandrea Barreca,
Giovanni La Varra)

摄影
Stefano Boeri 建筑事务所，Davide Piras

客户
Coima SGR – Porta Nuova Isola 基金会

01

垂直森林是一种可持续性住宅的建筑模式,也是都市中的重新造林工程。在不需要扩大城市面积的情况下,有利于自然环境的再生和维持城市的生物多样性。它是城市中竖向密集模式的自然环境,与大城市和城市边界的再造林和移植政策相关。

两座高度分别为 116 米和 85 米的住宅楼构成了这个位于米兰市中心的垂直森林。它坐落在伊索拉社区的边缘,一共栽有 700 棵树木(高度分别为 3 米、6 米、9 米),以及 2 万多棵各类灌木和花卉植物。它们分布的位置是根据外墙立面与阳光的方向和角度而确定的。在平坦的地面上,两座住宅楼拥有的树木在数量上相当于一个面积为 2 万平方米的森林。就城市密度而言,相当于一个在 7.5 万平方米的土地上建立独栋式住宅。垂直森林的植物系统促进了局部小气候的形成,同时提高了湿度,吸收了二氧化碳和灰尘颗粒,并释放出新鲜的氧气。

在设计中,设计师采用了可持续性技术,包括 4 个地热泵,并在建筑上铺设了太阳能电池板。这有助于植物形成小气候,并减少热量损失(大约 2℃),同时也有利于减少空气污染(每年可将 2 万千

克的二氧化碳转化为氧气)。为了对绿色外墙的植物进行管理和维护,设计师们采用了 2 个集中观测站、280 个供水控制系统(每个阳台设置 1 个)。每年进行 6 次维护和清洗检查(其中 4 次是从公寓大楼的内部进行,2 次从外部进行),每年的灌溉用水量为 3500 立方米。

01 | 垂直森林的绿色外立面顶部侧景
02 | 鸟瞰米兰垂直森林

米兰垂直森立视图

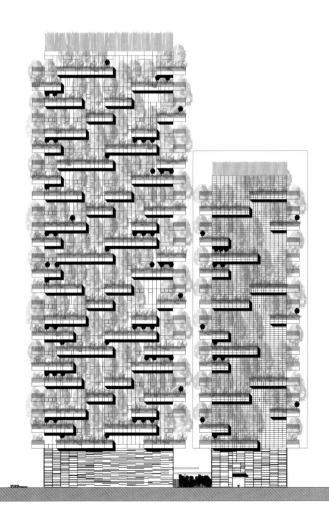

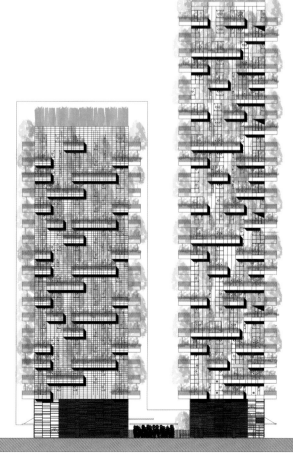

米兰垂直森林的典型截面图

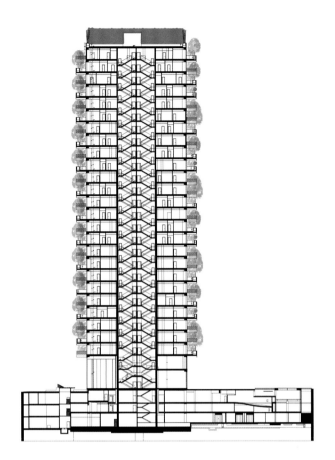

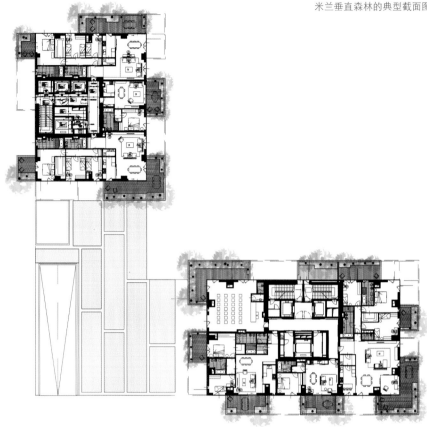

03

03-04 | 米兰垂直森林的侧视图

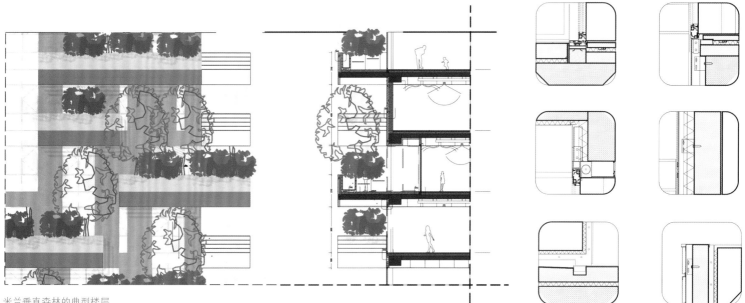

米兰垂直森林的典型楼层

市中豪亚酒店

地点
新加坡

面积
1.9 公顷

竣工时间
2016 年

景观设计
Sitetectonix 私营有限公司

事务所
WOHA 建筑事务所

摄影
Albert Lim KS，K. Kopter，Patrick Bingham-Hall

客户
远东 SOHO 私营有限公司

在新加坡密集的中央商务区 (CBD) 耸立着一座绿色葱茏的大楼，这就是堪称热带城市土地集约利用典范的市中豪亚酒店。与那些西方温带地区国家亮丽、密闭的摩天大楼不同，这个热带地区的"生命大楼"塑造了另类的时尚技术风格和形象。

为了简洁鲜明地区分办公、酒店和会所的空间区域，WOHA 建筑事务所创造了一系列不同的结构层次，每一个层次都拥有各自的空中花园。尽管该地位于高度密集的市中心，这些额外的"地面"却扩大了高层建筑中用于娱乐和社交活动的公共区域。

虽然周围的大楼可以俯瞰这里，但是酒店并没有仅仅依赖外部的景色去吸引人们的目光，而是对内部的空间进行了精雕细琢，创造了动态的视觉景观。每个空中花园都是一个都市级别的大阳台，并在顶部被上面的空中花园遮蔽，开放的侧面保证了形式和视觉上的透明性。这种开放性还允许微风通过建筑，形成良好的空气对流。这样，公共区域就成了功能齐全、舒适惬意的热带空间。这里不是一个使用中央空调的密闭空间，而是一个绿意盎然，拥有充足自然光线和新鲜空气的开放空间。

01 | 从楼顶圆形框架的开口中可以看到阳光泳池、餐厅、举行活动的平台和绿色的植被

02 | 将塔楼包裹的生命外墙是多孔、具有可透气性，柔和并充满生机的，不仅使用户感到减轻了压力，也为周边的建筑和居住者带来了轻松舒缓的气息

在建筑的表面处理中，广泛应用了园林绿化景观，使其成为建筑内部和外部开发材料的重要部分。大楼的绿色容积率达到了 1.1，可以作为鸟类和其他动物的天堂，使生物多样性重新回归城市。这种对绿色进行的量化得出了令人兴奋的数字，因为它有效地弥补了周围 10 座缺乏绿化的建筑带来的环境缺陷。大楼的红色铝网覆盖层被设计成一种背景，衬托着上面的 21 种攀缘植物，色彩艳丽的花朵与繁茂的绿叶相互掩映，为鸟类和昆虫提供了丰富的食物。在光线、阴影和风力等条件最为适宜的情况下，这些攀缘植物会形成一种马赛克样式的图案。这座摩天大楼没有采用平顶结构，而是在顶部建立了一个热带风格的巨大凉亭，令整个酒店如花一般显得千姿百态，更加娇柔并充满活力。

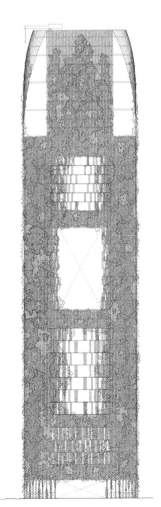

柏城街一侧的市中豪亚酒店立视图

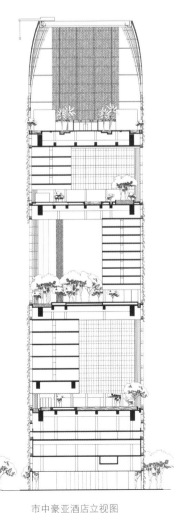

市中豪亚酒店立视图

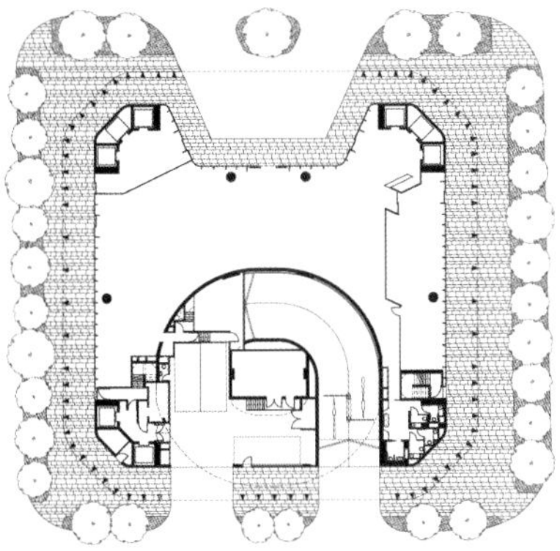

1 层平面图

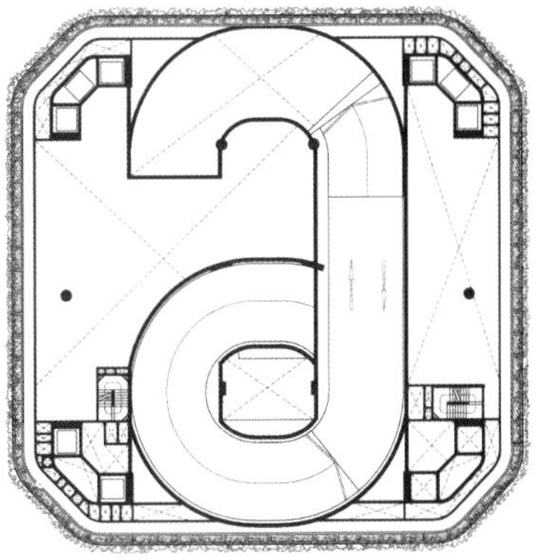

2 层平面图

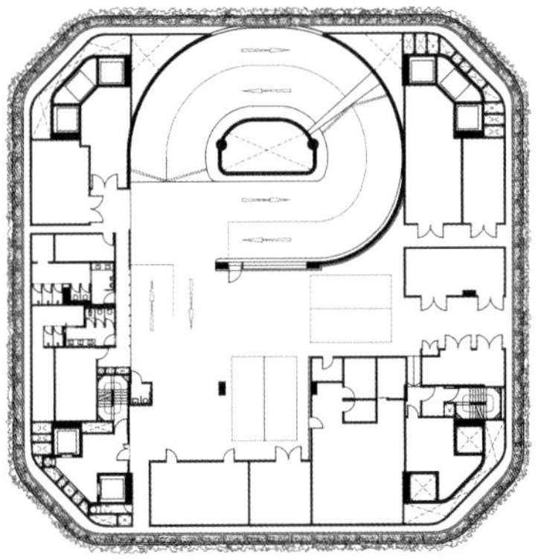

3 层平面图

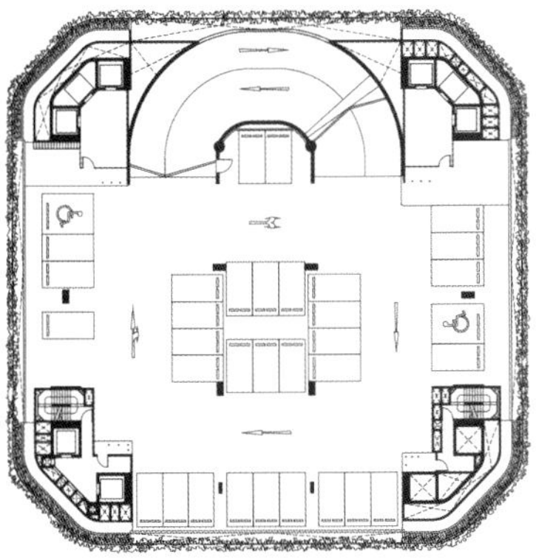

4 层平面图

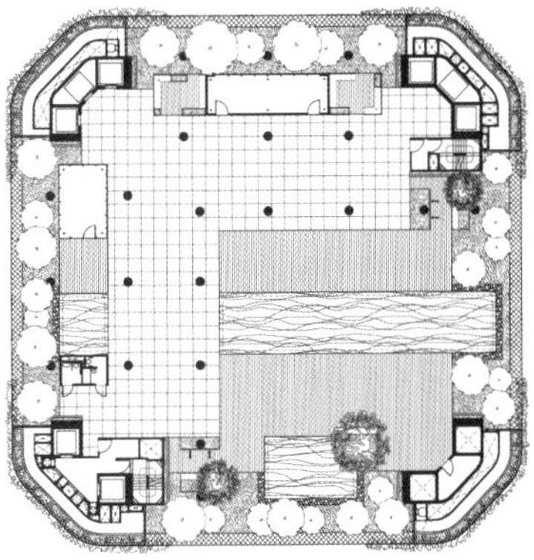

6 层平面图

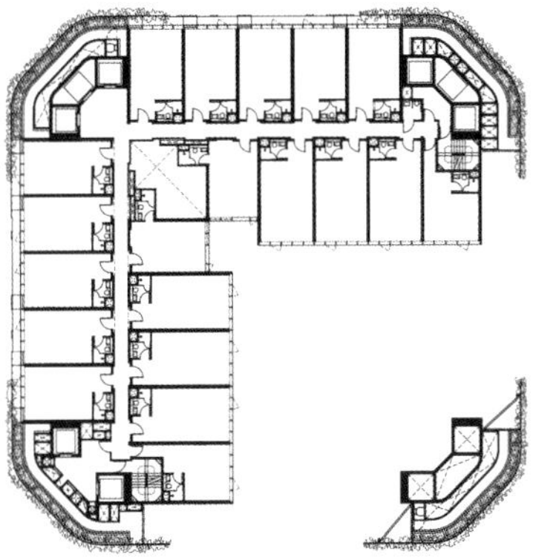

7-11 层平面图

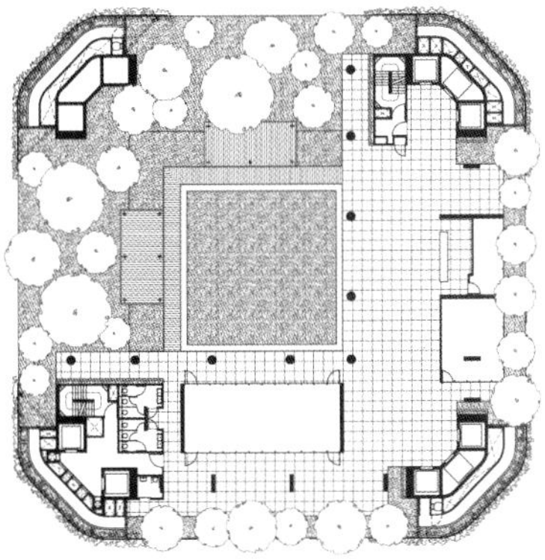

12 层空中露台平面图

13-20 层平面图

21 层空中露台平面图

22、23、25 层平面图

27 层平面图

楼顶平面图

03 | 该塔楼属于适合热带气候的可持续性高层建筑类型，具有通透性、呼吸性，充满了生机与活力

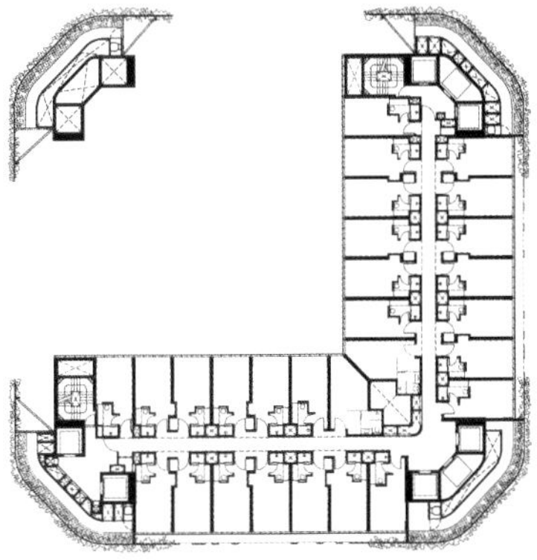

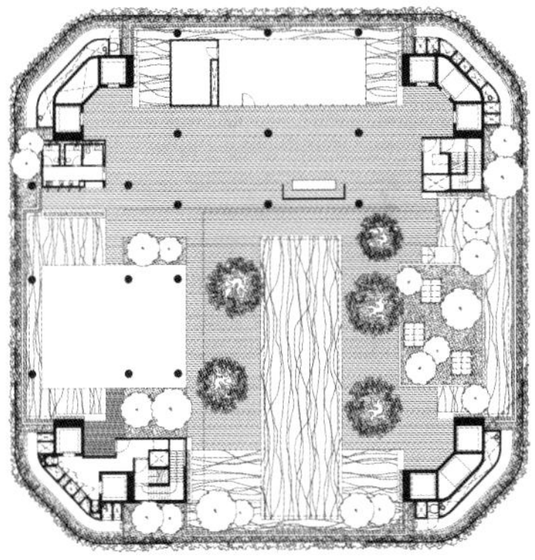

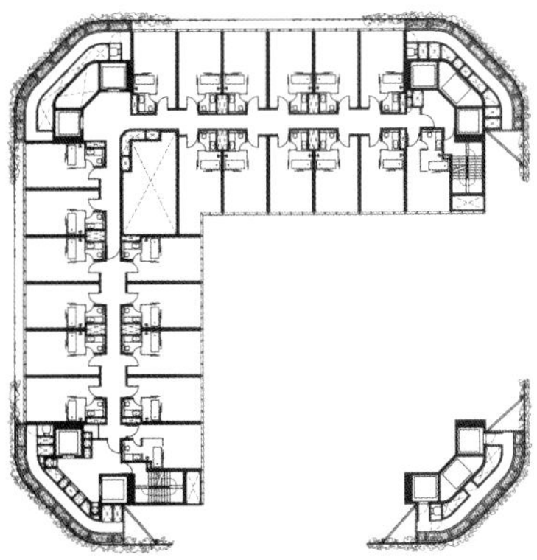

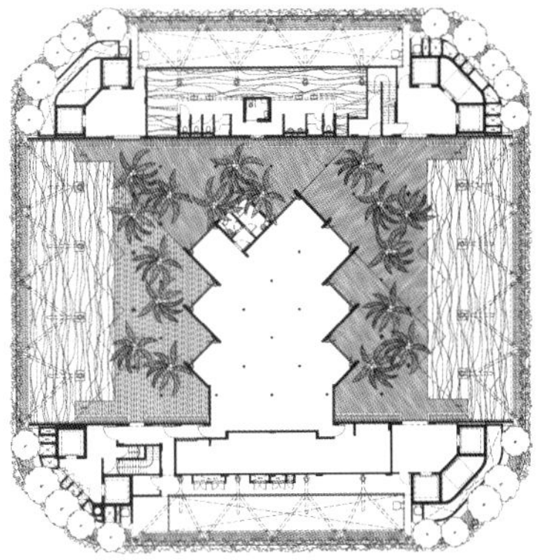

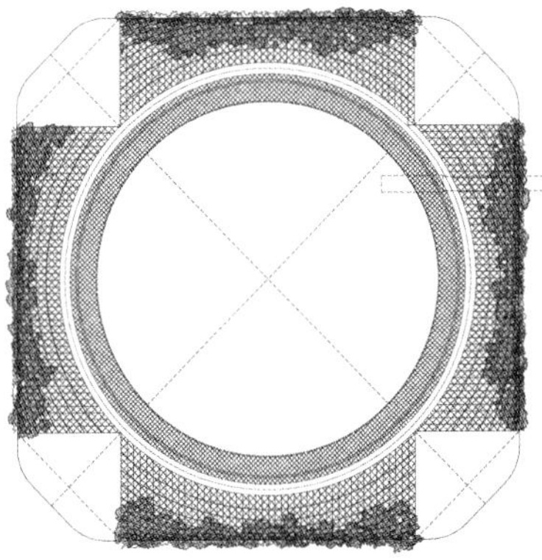

04 | 顶部优雅的环形结构仿佛一顶王冠，使塔楼修长的造型更加完美

05 | 位于12层的空中露台犹如一个市政大厅。在阴凉的走廊中庭内，形成了
自然的空气对流，而且中央草坪的四周还分布着凉亭和姿态各异的树木

06 | 拔地而起的外墙立面，使人们在街道上以及更远的距离都可以欣赏到
满腔滴翠的怡人景观

07 | 一部分镂空的外墙使设在第12层的空中露台暴露在外，使露台上形成了自然的空气对流，
在阴凉的中庭内，中央草坪的四周分布着凉亭和姿态各异的树木

08 | 位于21层的空中露台是一个都市度假胜地，那里设有泳池平台、水上花园和露营区域，
仿佛都市丛林上空的一块绿洲

东埔大道

地点
新加坡

面积
63 平方米

竣工时间
2015 年

景观设计
Greenology 私营有限公司

摄影
Greenology 私营有限公司

客户
家庭业主

沿着东浦大道，有一座住宅的外观颇具趣味，在一排住宅中显得格外突出。由于采用绿墙作为建筑元素，这些倾斜的表面就犹如用绚丽多彩的植物构成的马赛克图案。在住宅的内部，通风竖井也覆盖着茂盛的植物，一直蔓延到三层的高度，为众多的房间和空间提供了绿色青葱的视觉景观。

住宅外墙的绿化由耐久的植物叶子和铝制板条构成，形成的幕墙有利于降低进入建筑的光线强度、降低室内温度和屏蔽外部的噪声。通风竖井中的绿色植物保持了密闭空间内密集的生物量，净化了空气、吸收了噪声，对内部的小气候起到了调节作用。

将植物融入建筑的设计当中，为人们带来的益处不只是体现在美学方面，这些绿色植物还极大地改善了住户的使用舒适程度。

01 │ 户外的绿墙以交替的棋盘图案覆盖在外墙立面上

绿墙 1 上的植物品种

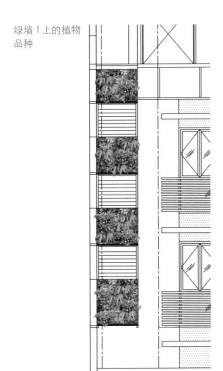

绿墙 2 上的植物品种

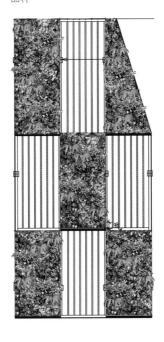

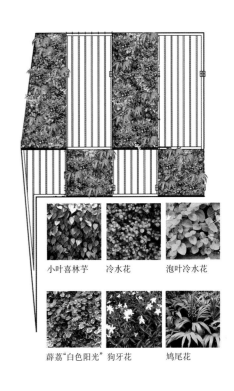

小叶喜林芋　冷水花　泡叶冷水花

薛荔"白色阳光"　狗牙花　鸢尾花

绿墙 3 上的植物品种

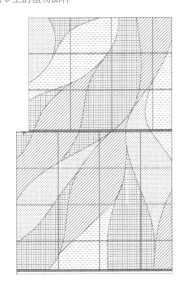

口红花　花烛　海棠　维拉蕨

肖竹芋　鼠毛菊　马缨丹　白斑大叶凤尾蕨

小叶喜林芋　石灰绿喜林芋　泡叶冷水花　合果芋

棕色喜林芋　杂色喜林芋

▨ 喜林芋 + 杂色喜林芋 + 海棠

▧ 石灰绿喜林芋 + 合果芋 + 肖竹芋 + 马缨丹

▦ 棕色喜林芋 + 维拉蕨 + 白斑大叶凤尾蕨 + 口红花

▨ 泡叶冷水花 + 鼠毛菊 + 花烛

02

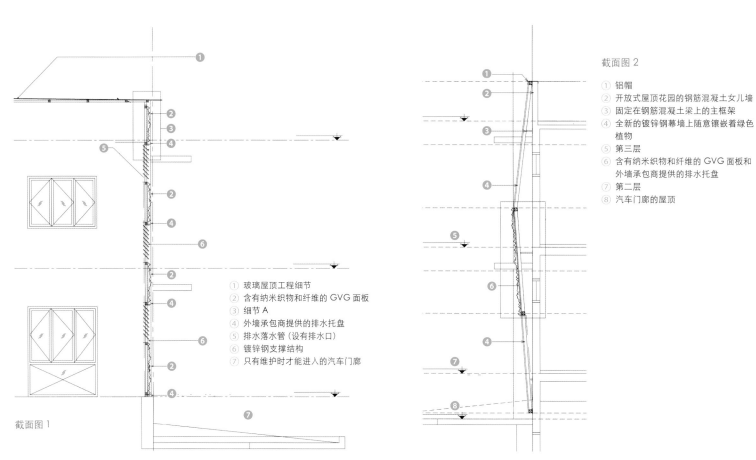

截面图 2

① 铝帽
② 开放式屋顶花园的钢筋混凝土女儿墙
③ 固定在钢筋混凝土梁上的主框架
④ 全新的镀锌钢幕墙上随意镶嵌着绿色植物
⑤ 第三层
⑥ 含有纳米织物和纤维的 GVG 面板和外墙承包商提供的排水托盘
⑦ 第二层
⑧ 汽车门廊的屋顶

① 玻璃屋顶工程细节
② 含有纳米织物和纤维的 GVG 面板
③ 细节 A
④ 外墙承包商提供的排水托盘
⑤ 排水落水管 (设有排水口)
⑥ 镀锌钢支撑结构
⑦ 只有维护时才能进入的汽车门廊

截面图 1

① 外墙承包商提供的索具滑道, 为工程人员进行
　　细节处理提供了结构上的支持
② 含有纳米织物和纤维的 GVG 面板
③ GVG 面板被螺栓固定在后面的中空部分
④ 为工程人员进行细节处理提供的结构支持
⑤ 外墙承包商提供的 100 毫米宽的
　　排水托盘
⑥ 排水落水管 (设有排水口)

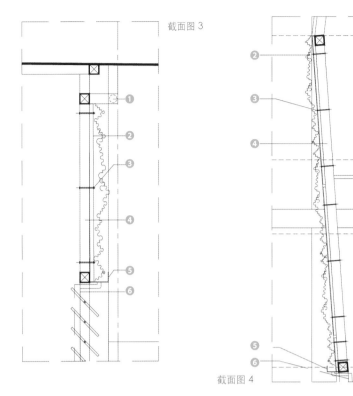

截面图 3

截面图 4

02 | 住宅正面的两侧以交替的形式安装了绿墙面板和铝条制成
　　 的幕屏
03 | 为了给通风竖井底部的植物提供光合作用所需的充足光线,
　　 设计师采用了绿色技术生长照明灯具
04 | 作为设计的一部分, 绿墙面板和铝条制成的幕屏均以倾斜的
　　 角度进行安装

03

04

绿墙内的自助餐厅

地点
西班牙，埃尔切

面积
140 平方米

竣工时间
2015 年

景观设计
Paisajismo Urbano 公司

设计公司
Antonio Maciá A&D

摄影
戴维·弗鲁托斯

客户
博物馆

透视图

01 | 自助餐厅的绿墙

2013 年，埃尔切市政府发布了一个将 35 个城市空间改建为自助餐厅和露天音乐台的项目名单。其中最为有趣的是 25 号项目：圣伊萨贝尔广场。广场的周边矗立着圣玛利亚教堂 (s. XVIII)、一个曾经是阿拉伯城墙组成部分的塔楼、阿尔塔米拉宫 (s. XV) 和艾尔切市政公园 (世界遗产)。由于这些建筑的关系，这一地点具有得天独厚的都市环境。

竞标的组织者要求在这里修建一个 20 平方米的自助餐厅，并带有一个高出现有人行道路面的露台，以及装饰性的绿色墙面和老旧的隔离墙。从一开始，设计师的主要目标就是让这个残留的空间在具有标志性特色的都市区域内重现生机。为了实现这一目标，设计师们决定设计一个隐形的建筑，从而不会在周边古老建筑的环境中喧宾夺主，并将重点放在了垂直花园的设计上。为此，设计师创造了一个内部容纳了自助餐厅、卫生间和储藏空间的准垂直花园，由于露台的出现，广场的其余部分没有受到任何影响。

建筑的施工是从安装一个由钢材制成的三角结构开始的，它被固定在覆盖着两层薄膜 (PVC 和毛毡) 的原有隔离墙上，以容纳灌溉系统和各种植物。花园的面积达到了 150 平方米，由 3000 多个地中海地区的植物品种构成。其中包括一些特有的和奇异的品种 (桃金娘、金丝桃属叶连翘、薰衣草、蓑衣草、都尔巴喜、狼尾草等)。由于水培灌溉系统和上述植物的选择，使得人们在日后维护中无须使用杀虫剂，从而实现了自然授粉。值得一提的是，这面绿墙每年能够产生满足 100 多人须求的氧气，每年还能吸收 70 吨的废气、超过 26 千克的重金属和接近 14 千克的灰尘。

整个改造计划中还包括一个小型的音乐会区域和一个户外影院。此外，该项目也具有十足的艺术气息。露台上的遮阳伞成为当地艺术家们尽情挥洒的画布。

平面图

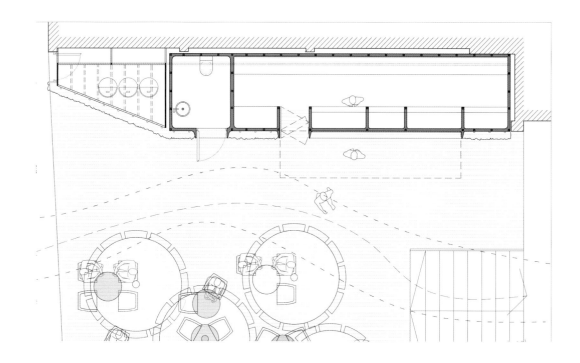

施工细节

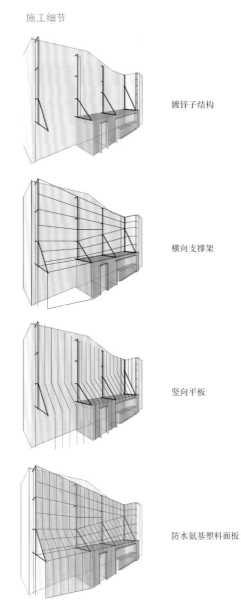

镀锌子结构

横向支撑架

竖向平板

防水氨基塑料面板

02 | 绿墙的侧面视图
03 | 绿墙上繁茂的植物

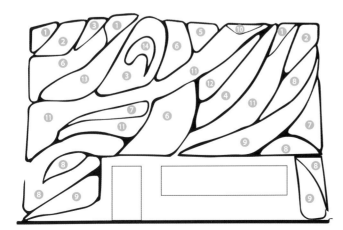

植栽搭配

① 桃金娘
② 醉鱼草
③ 金丝桃
④ 狼尾草
⑤ 迷迭香
⑥ 薰衣草
⑦ 金柑
⑧ 鼠尾草
⑨ 蓑衣草
⑩ 木薯
⑪ 都尔巴喜（紫娇花）
⑫ 白色拉普兰多
⑬ 红色拉普兰多
⑭ 狼尾草

Providore 旗舰店

地点
新加坡

面积
77.5 平方米

竣工时间
2016 年

景观设计
Greenology 私营有限公司

摄影
Greenology 私营有限公司

客户
The Providore 新加坡私营有限公司

Providore 的旗舰店和零售店位于新加坡金融中心核心地带的公园内,是一个理想的放松休闲场所,深受周围建筑中上班族的青睐。餐饮区域的设计以透明性原则为基础,透过整面的玻璃幕墙向外望去,公园的美景和喧闹的都市情景一览无余。建筑的其他部分则覆盖着绿色植被,这些充满生机的绿色立面将建筑悄然融入周围的环境之中。

种类繁多的植物组合中,包含了各具特色的叶面纹理,从而柔化了建筑僵硬死板的外观,消除了咄咄逼人的气势。出于方便维护这一务实的原则,在植物的选择中纳入了大量易于生长的品种,这些植物在自然光线经常被周围高楼大厦遮挡的环境下也能正常生长。

这里被郁郁葱葱的绿色环抱,并在室内外都设置了座椅,在城市中心为忙碌的人们创造了一个可供小酌和品尝美食的佳地。

高挂在原有建筑正面和拐角一侧的植物,呈现出不同的纹理,形成了随意排列的图案样式,为金融中心的环境注入了一缕"自然"的气息。

01 | 在新加坡的 CBD 区域,一个咖啡馆依偎在户外绿墙的环抱之中
02 | 户外绿墙位于主入口的旁边

02

所选的植物物种创造了自然的热带丛林感受

| 绒叶合果芋 | 观音莲 | 海芋 | 绿薜荔 | 窗孔龟背竹 | 鸠尾花 |

| 冷水花 | 布雷马克思喜林芋 | 椒草 | 小叶喜林芋 | 宝石绿喜林芋 | 星蕨 |

| 合果芋 | 白蝴蝶 | 鳄鱼皮星蕨 | 巢蕨 |

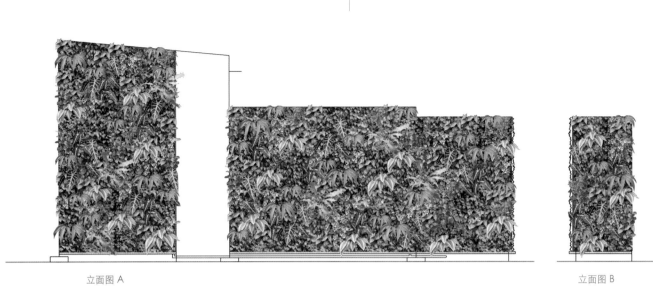

立面图 A   立面图 B

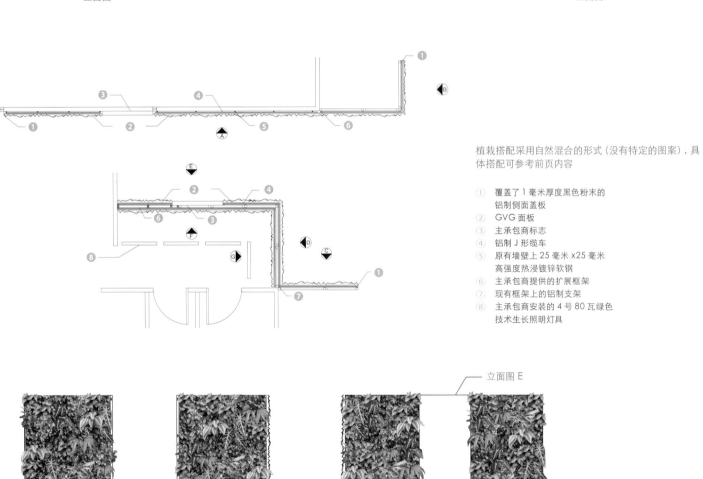

植栽搭配采用自然混合的形式（没有特定的图案），具体搭配可参考前页内容

① 覆盖了 1 毫米厚度黑色粉末的
　铝制侧面盖板
② GVG 面板
③ 主承包商标志
④ 铝制 J 形缆车
⑤ 原有墙壁上 25 毫米 x25 毫米
　高强度热浸镀锌软钢
⑥ 主承包商提供的扩展框架
⑦ 现有框架上的铝制支架
⑧ 主承包商安装的 4 号 80 瓦绿色
　技术生长照明灯具

立面图 E

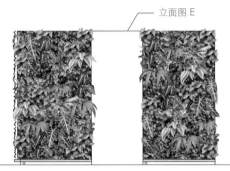

立面图 C   立面图 D

植物种类

立面图 F   立面图 G

观音莲
海芋
巢蕨
绿薜荔
窗孔龟背竹
星蕨
鳄鱼皮星蕨
宝石绿喜林芋
布雷马克思喜林芋
小叶喜林芋
椒草
冷水花
合果芋
白蝴蝶
绒叶合果芋
鸢尾花

03

03 | 所选的植物和随意的排列布局让人产生了更为接近自然的感受
04 | 在生长照明灯具的辅助下，咖啡馆内部的绿墙也生长得枝叶繁茂，
让顾客沉浸在一片绿意之中
05 | 在新加坡的 CBD 区域，与周边环境和谐相融的绿墙有助于弱化
咖啡馆的总体观感

城市中心

地点
墨西哥，墨西哥城

面积
180 平方米

竣工时间
2011 年

景观设计
FOM/VERDE VERTICAL 事务所

摄影
VERDE VERTICAL 事务所

客户
城市中心

城市中心这面绿墙，是为中部拥有一个广场式庭院的布赫勒·马科斯大酒店设计的。该项目位于一座建筑的背后，与酒店正对。天气好的时候，酒店的客人们可以在绿墙下尽情享受一日三餐的美味。

巴西景观建筑师布赫勒·马科斯不可思议的设计风格，为费尔南多·奥尔蒂斯·莫纳斯特里奥的工作带来了巨大的灵感和启发。该项目也对这位大师惊人的设计表达了敬意。城市中心和谐的曲线造型以及行人小道，不禁让我们对墙内公园的活动浮想联翩。

设计师们没有选择酒店的内部，而是在户外空间设计了造型各异和大小不同的墙壁花园。加上品种丰富的绿色植物，使绿墙犹如一个色彩斑斓的巨大浮雕。毫无疑问，这面绿墙为酒店带来了自然之美。

由于生命墙也被称为绿墙、生物墙、植被墙、活化墙或者生态墙，以及垂直湿地，等等，城市中心也因此成了一个特色鲜明的垂直花园，覆盖了多种绿色植被。设计师们将这些植物种植在模块化种植、浇灌装置中，并安全地固定在建筑的墙壁上。

01 | 垂直花园的侧面情景
02 | 这是第一个将客观物体融入设计中的垂直花园

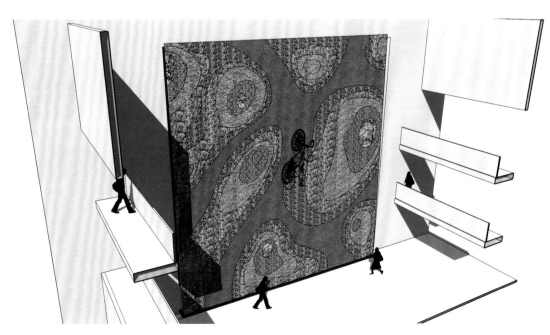

最终设计评审图

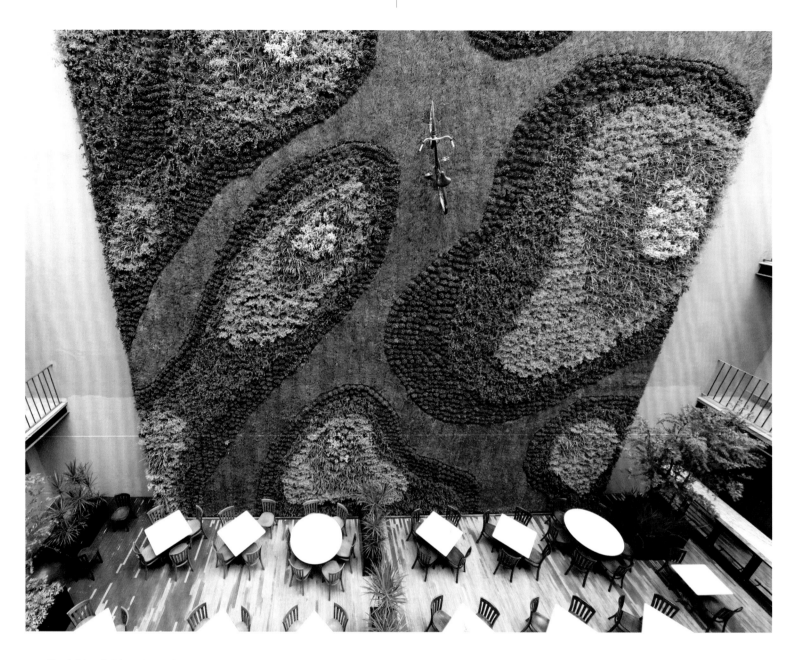

03 | 从酒店或餐厅的内部看到的正面视图
04–05 | 通过绿草和茂盛的植物展现了项目的设计特点——规则的垂直花园

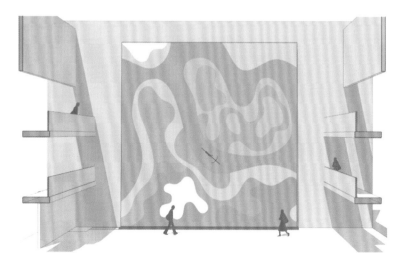

概念化过程和初始设计建议

Claustro de Sor Juana
大学

地点
墨西哥，墨西哥城

面积
265 平方米

竣工时间
2012 年

景观设计
VERDE VERTICAL 事务所

摄影
VERDE VERTICAL 事务所

客户
Garner

墨西哥城的旧城中心是这个国家的首都中绿地面积最少的区域之一。因此垂直花园的实施策略不仅是为了改造城市的景观,也是为了获得植物为我们带来的重要的环境效益。

该项目将建筑的绿色外立面与绿墙结合在一起,为这里的居民和行人带来了美不胜收的感受。设计师们只是选择了为数不多的几种植物就塑造了不规则的奇特造型,这些诗情画意般的独特设计深深吸引了人们的目光。值得一提的是,通过生动的三维立体设计,在墙面的设计中出现了自行车和手推车的元素,令人赞叹不已。

在温带地区设计绿墙的时候,设计者应当考虑到季节的变化,以及不同的植物如何适应这一变化。这些变化会显著影响绿墙的美感。选定的植物必须能够适应冬季的冻结温度,并在炎热的夏季开满鲜花。设计师们不仅选择了生长快速的植物品种,还选择了生长缓慢的品种,从而使景观能够保持终年常绿。

01 | 绿墙的侧面景观
02 | 大学餐厅的主入口

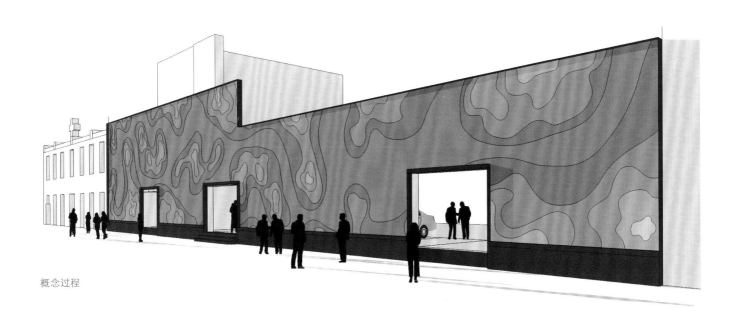

概念过程

最终设计评审图

03 | 在建筑最为密集的城市中心区域，设计师利用竖向
表面增加了绿化面积
04 | 自行车的周围环绕着茂密的绿色植物
05 | 自行车这种日常元素的运用参考了公共空间的特点
06 | 路人正在观看完成后的绿墙

改革大道拉丁塔

地点
墨西哥，墨西哥城

面积
165 平方米

竣工时间
2015 年

景观设计
FOM/ VERDE VERTICAL 事务所

摄影
VERDE VERTICAL 事务所

客户
PARKS

垂直花园已经成为现代城市建筑的肌肤，并与现代装饰和谐相融，为建筑周围的行人和司机奉献了精美别致的视觉盛宴。毫无疑问，设计师们正以严肃认真的态度迎接巨大的技术挑战，最终将梦想变为现实，为城市提供天然的制氧机。

设计师们还把室内、室外的绿墙与绿色外立面结合在一起，无论你身在何处，竖向生长的绿色植物都可以映入眼帘，让你得到片刻的愉悦和放松。绿墙的成功应用使公共场所和周围的人们受益颇丰。在密集的城区，绿墙有着极大的潜力可以促进积极有益的环境变化，尤其是建筑巨大的表面为这些技术的改进和完善提供了条件。城市中心多层停车场排放的废气可以通过枝繁叶茂的绿化区域显著降低。长有大量枝叶的绿墙可以吸收二氧化碳和重金属颗粒，并为这些巨大的建筑提供遮阳和屏蔽的功能。绿墙所产生的效益主要取决于叶面积、叶密度、场地条件和项目规模等设计因素。该项目中所有的生命墙和外墙立面都具有共同的优点，包括降低城市热岛效应、改善室内外空气质量、增加美观性、提高能源效率、保护建筑结构和降低噪声，等等。

01 | 绿色外墙的全景
02 | 从斯特拉斯堡大街上看到的绿墙

初步建设性概念图

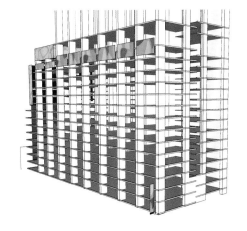

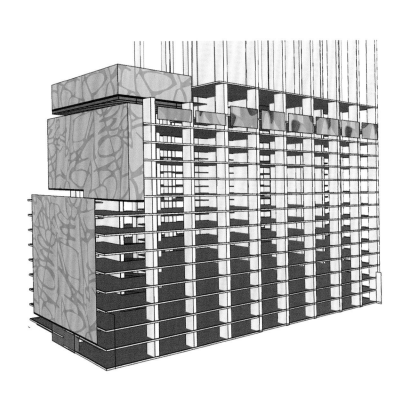

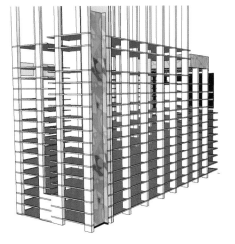

最终设计评审图

03 | 斯特拉斯堡大街一侧的三个花园（上、中、下）
04 | 改革大道一侧的景观
05 | 机动车辆大厅
06 | 最先建成的绿墙的视觉效果

波朗科区 Chedraui 超市

地点
墨西哥，墨西哥城

面积
165 平方米

竣工时间
2012 年

景观设计
VERDE VERTICAL 事务所

摄影
VERDE VERTICAL 事务所

客户
Chedraui 超市

该项目位于一个公共卫生间的前面，它不仅给人们带来了美妙的视觉享受，还对周围的环境产生了影响。设计师们在一个本来不可能的场所为我们创造了再次亲近自然的机会。他们深信，这些类型的绿墙会在城市中得到广泛应用。这不仅是因为绿地的缺乏和它们所具有的审美效果，还在于它们带来的环境效益，例如：空气净化、吸收二氧化碳、制造氧气、温度调节、隔音、吸尘、净水、生物走廊的形成和提供食物等等。

该项目的目标是通过植物生长形成的色彩、纹理、图案和芳香气味给该区域内的行人带来奇妙的体验。为了实现这一目标，设计人员采用了 20 多种植物形成了趣味横生的有机生物形态对比，为用户营造了宁静平和的氛围和感受。

对于设计者来说，精心选择植物的品种是非常重要的。当他们考虑创造一个别出心裁的绿墙时，所选定的植物要能够在给定的场地和气候条件下旺盛地生长。墨西哥城的气温在 25~27℃之间，因此设计者选择了多肉 / 多汁植物和耐旱植物，这样，即使在炎热的天气下，依然可以保持枝叶的繁茂。

01 | 垂直花园的侧面视图
02 | 直花园的正面视图

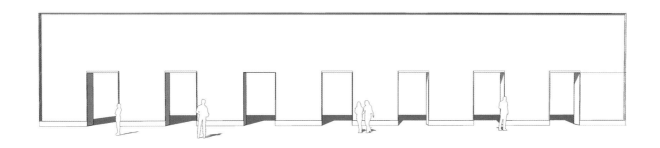

设计过程与最终设计预览

03 | 这个垂直花园作为一个独立的美学元素，对项目设计中未按计划进行的
修改部分进行了隔离

04–08 │ 由于具有丰富的纹理和多样的造型，设计师在设计中将多肉植物、喜林芋
　　　　和灌木植物进行了协调搭配

锦城公寓

地点
澳大利亚，南布里斯班

面积
318 平方米

竣工时间
2015 年

景观设计
澳大利亚 Fytogreen 公司

摄影
澳大利亚 Fytogreen 公司

客户
Aria 地产集团

获奖情况
UDIA 国家优秀奖

锦城公寓是获得了 UDIA 颁发的环境开发认证的最大多单元住宅项目，取得了全部 6 项认证。这里拥有昆士兰最大的住宅绿墙和太阳能电池板，并将流行的设计与可持续性措施结合在一起。

布里斯班这个高达 20 层的公寓位于埃德蒙斯通大街与界限街的交叉处，交通十分便利，包含了大量的零售和娱乐设施。公寓坐落在繁华的西区村住宅区之内，毗邻科尔斯超市和西区市场。

Aria 地产的开发者们坚持为住户提供的是具有最高品质的便利设施，公寓的内饰以及对细节的关注也是无与伦比的。

锦城公寓临街的正面令人印象深刻，从很远的距离就可以看到建筑正面两道融合在一起的绿墙。第一个垂直花园将停车场的外墙遮蔽起来，绿色从车道上方 4 米处一直向上蔓延到高出街面 20 米的地方。第二个户外绿墙位于南面临街立面的西端，为整个建筑创造出一种绿叶繁茂的热带风情。

当人们走进公寓大楼时，会发现第三个室内垂直花园，这是入口门厅内另一个"令人惊叹"的元素。郁郁葱葱的绿色植被不仅为内部设计增添了异彩，还给住户的健康带来了颇多的益处。

这三面绿墙都是由 Fytogreen 公司的室内植物学家埃里克·范·崔莱科姆设计的。这里一共种植了 54 个品种的植物，运用总计 9650 株植物共同营造了具有亚热带风格和色彩的环境。Fytogreen 公司根据宿主墙体的生长环境选择植物的品种，成功地创造了一个具有生态可持续性的垂直花园。对于自己设计的每一个花园，Fytogreen 公司都努力创造了适合它们自然成长所需的种植条件，以确保栽种的所有植物能够茁壮成长。

Fytogreen 公司还为绿墙制订了维护计划，包括每月一次的现场检查和通过计算机系统进行的远程日常监控，以确保花园的灌溉系统每天正常运行。锦城公寓为城市的改造和美化树立了一个经典范例。

01 | 锦城公寓的全景

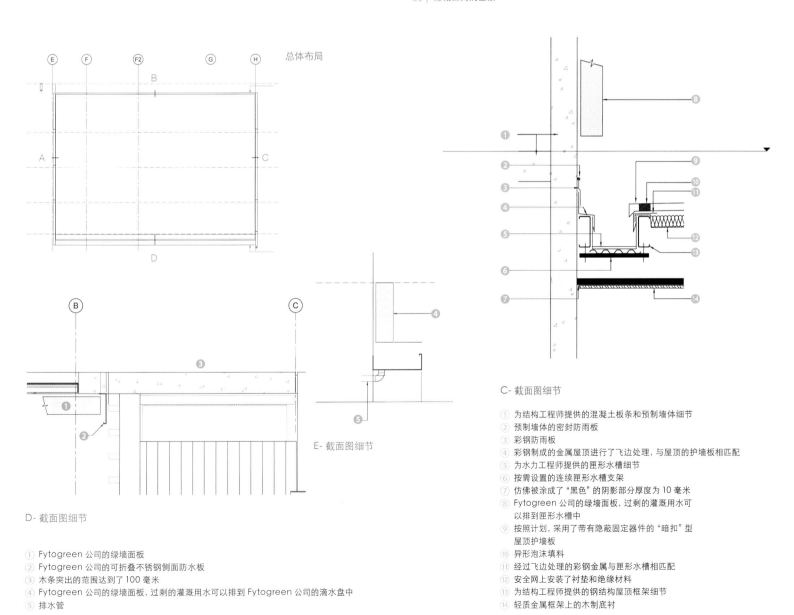

总体布局

E- 截面图细节

D- 截面图细节

① Fytogreen 公司的绿墙面板
② Fytogreen 公司的可折叠不锈钢侧面防水板
③ 木条突出的范围达到了 100 毫米
④ Fytogreen 公司的绿墙面板，过剩的灌溉用水可以排到 Fytogreen 公司的滴水盘中
⑤ 排水管

C- 截面图细节

① 为结构工程师提供的混凝土板条和预制墙体细节
② 预制墙体的密封防雨板
③ 彩钢防雨板
④ 彩钢制成的金属屋顶进行了飞边处理，与屋顶的护墙板相匹配
⑤ 为水力工程师提供的匣形水槽细节
⑥ 按需设置的连续匣形水槽支架
⑦ 仿佛被涂成了"黑色"的阴影部分厚度为 10 毫米
⑧ Fytogreen 公司的绿墙面板，过剩的灌溉用水可以排到匣形水槽中
⑨ 按照计划，采用了带有隐蔽固定器件的"暗扣"型屋顶护墙板
⑩ 异形泡沫填料
⑪ 经过飞边处理的彩钢金属与匣形水槽相匹配
⑫ 安全网上安装了衬垫和绝缘材料
⑬ 为结构工程师提供的钢结构屋顶框架细节
⑭ 轻质金属框架上的木制底衬

设计公司为设计中体现的生态可持
续性引以为豪，他们在每一个花园的
设计、安装和维护工作中的目标是确
保所采用的植物在生长环境中茁壮成
长，并达到它们的自然寿命。

Aa——南洋山苏花
Adm——狐尾天门冬
Aen——凤梨属小天狗
Al——长茎芒毛苣苔
B——酒瓶兰
Bh——水塔花属
Cb——巴西朱蕉
Ccg——吊兰
Cog——朱蕉青冈
Crm——膨果金鱼花
Cy——兰花
Des——大明石斛
Dk——澳洲石斛
Dp——杯形骨碎补
Ec——小豆蔻
Ev——美洲石斛

Fa——亚里垂榕
Fb——垂叶榕
Fbv——垂叶榕（杂色）
Fe——印度橡胶树（深红色）
Fmg——细叶榕"绿岛"
Fmh——小叶榕树（佛肚嫁接）
Hc——球兰
Hp——短柔毛萼球兰
Ht——圆盖阴石蕨
Km——长寿花
Mt——及卡拉塔树
Mtd——（绒）毛铁心木
Mth——托氏铁心木
Mx——新西兰圣诞树
Nc——密花
Nd——肾蕨
Nf——五彩凤梨'火球'
Ng——巴西鸢尾
Ngl——袋鼠花

ANif——巢凤梨
Nt——鲸鱼花
P——小叶喜林芋
Pa——常春藤
Pco——刚果喜林芋
Pcor——刚果红喜林芋
Php——提琴叶形喜林芋
Plc——二歧鹿角蕨
Pr——反萼剑叶龙血树
Psc——春羽蔓绿绒
Px——喜林芋
Re——爆仗竹
Rm——仙人棒甘菊
Rs——紫背万年青
Rth——初绿仙人掌（也叫筒枝丝苇）
Sa——鹅掌藤（绿色）
Sav——鹅掌藤（杂色）
Sc——伞树
St——蟹爪兰
Vf——焰苞丽穗凤梨

02 | 在南面临街一侧的西端，是一面小型的室外绿墙

03 | 第一面绿墙从车道入口上方 4 米的位置开始一直向上蔓延到高出街面 20 米的地方，将停车场的正面外观完全遮掩在后面

04 | 锦城公寓还有一面室内绿墙，支撑在生长灯具的上方。这面位于主入口内的绿墙，也是门厅内部装饰设计的一个补充

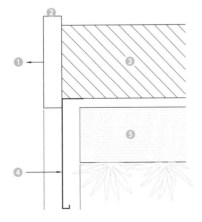

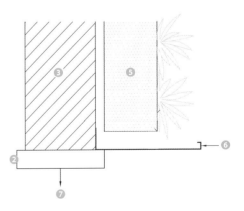

截面图（设计公司建议滴水盘采用不锈钢、彩钢或者优耐板等材料）

① 门孔宽度确定为 1780 毫米
② 门上 50 毫米的抛光区域
③ 宿主墙内的填充
④ 绿墙防水板
⑤ 绿墙面板
⑥ 绿墙防水板将过剩的灌溉用水直接排入下面
⑦ 门孔
⑧ 瓷砖饰面的排水斜坡
⑨ 地面排水板
⑩ 瓷砖饰面

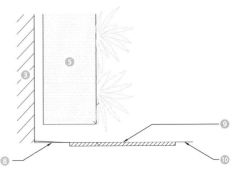

海洋金融中心的垂直花园

地点
新加坡

面积
2125 平方米

竣工时间
2013 年

景观设计
**狄艾拉设计 (S) 私营有限公司，佩里 - 克拉克 - 佩里事务所，
Architects 61 私营有限公司**

摄影
阿米尔·苏丹

获奖情况
**2013 年的空中绿化奖和新加坡优秀设计奖，
2014 年的垂直花园景观设计行业金奖**

这个相当于 8 个网球场大小的垂直花园位于海洋金融中心广场的入口，成为新加坡中央商务区醒目的地标性建筑。该垂直花园是一种三维立体的生命活化艺术，采用盆栽植物绘制了新加坡、东南亚以及世界地图。包含 25 个品种的 5.7 万株植物构成了这个壮观的绿化结构，覆盖了高达 19 米，跨度 110 米的 3 个巨大平面。这些植物品种包括喜林芋"橙色王子"、鸢尾花、长叶肾蕨、箭羽粗肋草"银皇后"和水鬼蕉属植物。

垂直花园在工程设计中融合了景观设计和艺术的元素，并采用了一种适合的"上升、倾斜、锁定"系统，以确保每盆植物所在位置的安全。花盆采用可再生塑料制成，具有良好的紫外线稳定性，符合非可燃物耐火等级。在 38 个灌溉区域内，一个"藤"式滴灌系统为植物提供服务，这个具有二合一自动滴灌喷头的灌溉、施肥相结合的系统确保了维护控制的高效性和灵活性。

这个垂直花园的主要设计目的是为了遮蔽海洋金融中心的停车场。此外，作为一个生命绿墙，它还起到了"绿肺"的功能，降低了停车场的表面温度，并过滤了汽车排放的尾气。该项目的施工期为 15 个星期，共花费了 1.85 万个工时完成。在 2013 年，海洋金融中心垂直花园被确认为世界上最大的垂直花园。狄艾拉设计 (S) 私营有限公司还为海洋金融中心精心设计了错落有致、层次分明、结构各异的屋顶花园。

01 | 主入口绿墙的现场全景

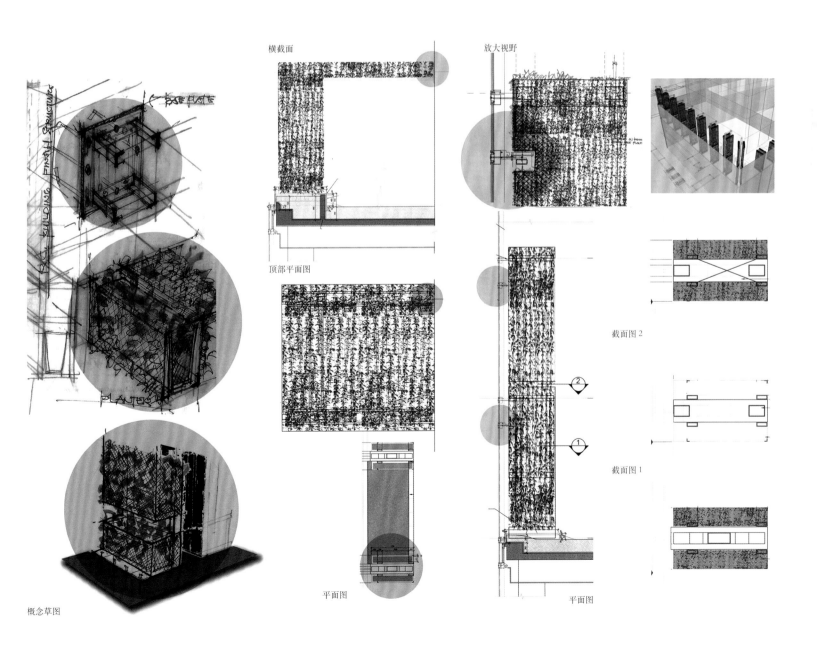

横截面

放大视野

顶部平面图

截面图 2

截面图 1

概念草图

平面图

平面图

02 | 主入口外面的绿墙

03 | 在绿墙最显眼的一面与城市金融中心和莱佛士广场正
对，上面设计了新加坡地图的图案，在夜晚明亮的灯光
下显得更为醒目

04 | 特殊设计的结构框架有利于植物向上攀爬，并以大面
积蔓延的方式将本已绿意浓厚的屋顶花园进一步包裹
在茂盛的草木之中

在绿墙的设计中，根据形状、颜色和叶面纹理等特性进行了植
物品种的选择

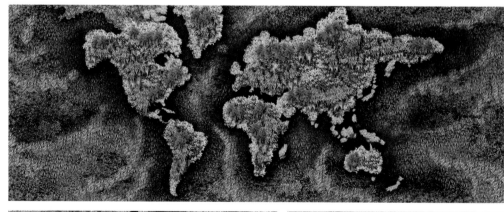

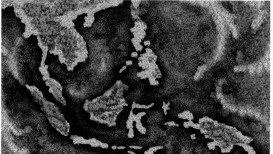

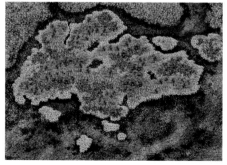

马里亚诺·埃斯科贝多

地点
墨西哥，墨西哥城

面积
986 平方米

竣工时间
2011 年

景观设计
FOM/ VERDE VERTICAL 事务所

摄影
VERDE VERTICAL 事务所

客户
SHA

01

这个令人难以置信的垂直花园用来遮蔽大厦高达五层的停车场，意味着面板之间会形成很多缝隙，从而使停车场拥有良好的通风性，同时还能获得自然光线并具有遮阳功能。它为波朗科的这一区域创造了难以估量的价值。

设计师们为垂直花园选择了多个品种的植物，组成了众多不规则的造型，形成了简洁明快、韵律十足的设计特色。在建筑的前面，是一面大型绿墙，在其两侧分别依次排列着若干小型绿墙。新鲜的空气和自然光线可以通过空隙进入停车场的内部，为客人带来良好的体验和感受。

在该项目的实践过程中，作为一个结构化的生命墙，内置了允许污染空气流通的小型管道。气体在这些管道中形成了压力，从而迫使空气进入培养基质中。在那里，微生物、细菌和植物的根部可以将空气中的污染物分解并吸收。设计者选用了那些能够利用自身特性和能力吸收重金属等污染物的植物。除此之外，绿墙还可以作为噪声的屏障，并起到隔热的作用。

01 | 正面的绿色外墙
02 | "波兰科大厦"的一角 / 正面外观 / 主入口
03 | 左侧的垂直花园
04 | 右侧的垂直花园

概念图

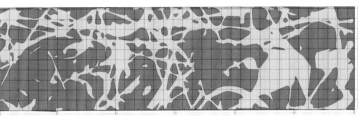

尼罗河绿洲

地点
法国，巴黎

面积
250 平方米

竣工时间
2013 年

景观设计
帕特里克·布兰科

摄影
帕特里克·布兰科

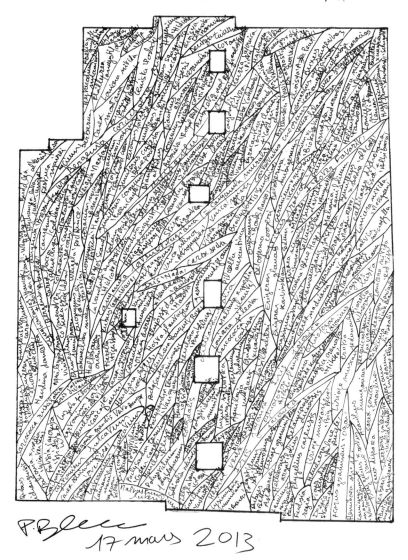

LE MIRAGE VERT
- Rue d'Aboukir - PARIS

P.Blecc
17 mars 2013

手绘的草图

01 | 尼罗河绿洲的全景

这个为巴黎市建造的项目位于一段原有的混凝土墙之上，正对着一个每日人头攒动的区域。它不是一个市政府资助的项目，而是由对面建筑的业主发起的私人资助项目。这座垂直花园朝向南方，由于巴黎的气候较冷，这样的朝向对于艳丽的开花植物品种是尤为重要的。设计师们应当不会忘记，这里的气温在冬天通常会降到-8℃。有时，就如同1985年的冬季那样，甚至下降到-15℃。当然，考虑到全球变暖的因素，过去两个冬季的最低气温只达到了-4℃。尽管如此，设计者们通过前瞻性的天气预测科学得知，在不久的将来，温带地区国家的气温可能会下降得更低。让人们看到希望的是，这个被称为尼罗河绿洲的绿墙正在以最佳的状态茂盛地生长，在这个只有250平方米的表面上，一共栽种了240个品种的植物。

由于在欧洲的南部更容易收集到品种繁多、色彩纷呈的花卉，设计者与法国、英国、西班牙和意大利的众多苗圃取得了联系。为了对这些植物进行多年的集中维护，人们需要在每平方米的面积上种植一个品种的植物，这无疑是一个巨大的挑战。实际上，设计师的主要工作就是为实现这一雄心勃勃的计划制订出最为适宜的设计方案。随着工作的逐步展开，设计者首先为最能体现建筑特色的植物品种确定了正确的位置。然后，根据对光线和水分的需求、未来的生长习惯以及与相邻品种的关系选择了恰当的植物品种，将空缺的部分填满。目前，经过两年多的时间和两个冬天的考验，已经证明这个位于石头和混凝土环境中的绿洲是非常成功的。巴黎市长试图将它辩解为重要的城市作品，然而它却是一个完全由热爱自然和城市的人们出资并实施建造的私人作品。

02 │ 建筑原来的墙面
03 │ 二月进行结构安装时的情景
04 │ 四月份进行植物栽植后一个星期的情景
05 │ 绿墙在五月份发生的变化
06 │ 绿墙完工两年之后的外观

科曼卡公寓

地点
墨西哥，墨西哥城

面积
540 平方米

竣工时间
2013 年

景观设计
Paul Cremoux 事务所

摄影
赫克托·阿玛纳多·赫雷拉和 PCW 摄影工作室

客户
Withheld

在一个长 13 米（42 英尺）、宽 12 米（39 英尺）的地块上，一个整体空间经过改建后获得了明亮的室内空间。建筑外部立面上的斯莱德石料与柔美的山毛榉木饰形成了鲜明的对比，更好地展现了这一空间清晰明快的特色。

在这个面积为 174 平方米（1872 平方英尺）的小型地块上，拔地而起的建筑正对着南面的竖向植被绿化墙。这是一个三层高的组合结构建筑，主露台设在了第二层，紧挨着一个用于讲座的小型工作室。这一区域的设计旨在彻底改变"开放式庭院花园"的概念。由于这里没有足够的空间在地面上建造庭院，因此主露台在社交活动方面就发挥了决定性的作用。

该建筑大量应用了可循环利用的材料、低 VOC 涂料和空气自然对流，并将被动控制能量和温度的策略纳入核心设计之中。3 个热量排放烟囱成为卧室区域的主要温控设施。垂直花园改善了这里的空气品质和湿度。原先这里没有任何植物，现在我们已经栽种了4000 多棵植物（每年可吸收 267 千克的二氧化碳）。

我们希望不只是把绿色植被当作一种控制温度和湿度舒适程度的实用设备，或者优美并富有活力的景观，而是将它作为一种类似光幕的元素，起到可供观看的戏剧般效果，让人们在帘幕的背后可以发现更多美妙的空间。

01 | 一楼的平台，是一个主要的社交聚会区域

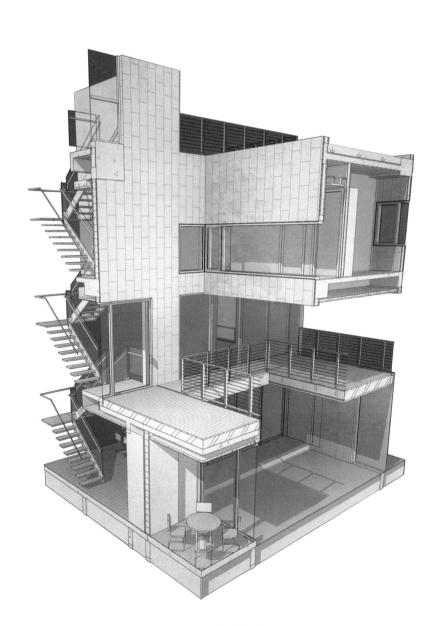

通过 BIM 模型（建筑信息模型）显示的多重截面图

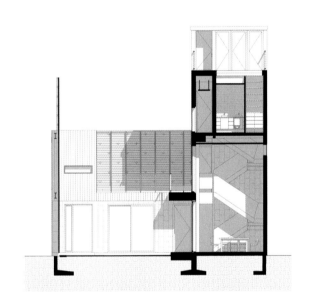

贯穿客厅、主露台和工作室的截面图

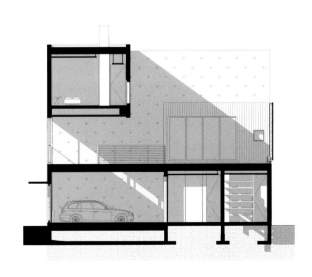

贯穿高层露台的主社交空间、工作室滑动门和
房间的截面图

通过 BIM 模型显示的南侧截面图

1. 无植被透视图
2. 地板装饰层
3. 特殊的平面结构
4. 为切块 1 设计的平面结构
5. 邻接墙体
6. 宿主模块
7. 箱体悬挂固定元件
8. 塑料箱上间距不等的孔洞
9. 元件穿孔的安装细节
10. 立柱平面结构
11. 切块 1 Dice 1
12. 为垂直花园设计的特殊结构
13. 焊接件平面结构
14. 焊接固定板
15. 结构化螺栓紧固构件板
16. ZG
17. 连接件
18. 立柱平面结构
19. 正面
20. 放置装有土壤和植物的
    塑料箱的位置
21. 箱底板
22. 平面结构锁定装置

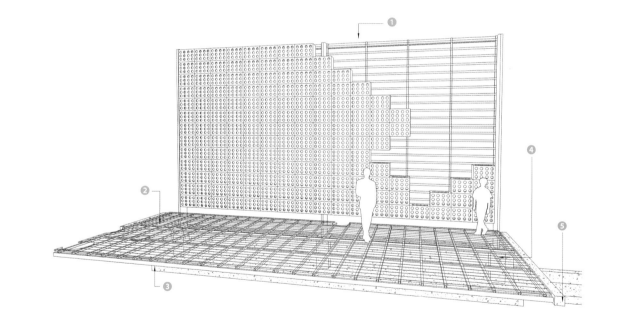

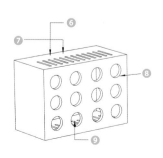

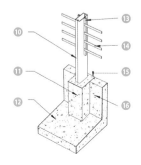

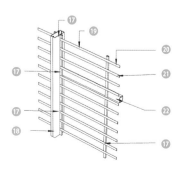

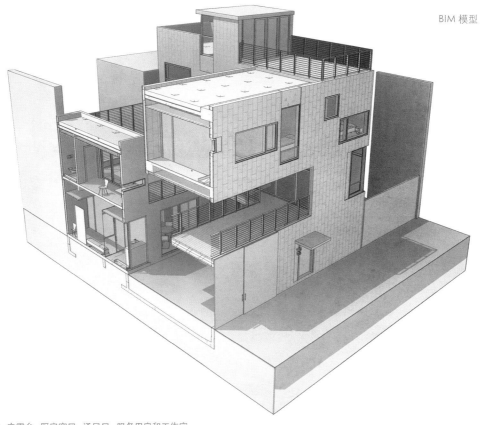

BIM 模型

02 | 在露台上看到的绿墙
03 | 位于一层的步行入口、停车位、主露台、厨房窗口、通风口、服务用房和工作室

农业信贷银行创业村

地点
法国，巴黎

面积
160 平方米

竣工时间
2014 年

景观设计
Jardins de Babylone 公司

摄影
Jardins de babylone.fr 公司

客户
法国农业信贷银行

01

巴黎的企业孵化器是由法国农业信贷银行启动的项目，为了打造创业村的主题，设计师们运用现代灌溉技术，以巨大的努力创造了别具一格、特色鲜明的绿墙。法国农业部长及政府发言人斯蒂芬·勒·弗尔对这一项目表示了欢迎，他说："它的确为经济的发展创造了一个良好的社区环境。"2014 年 10 月 15 日，星期三，在位于波艾蒂路 55 号，容纳了数百家创业公司的企业孵化器内，绿墙正式落成。

客户希望在两道绿墙上体现出空间、色彩和格调的和谐一致。Jardins de Babylone 公司通过创建相同的种植区域，并且不止在一个方向上与绿墙连接，从而在两个垂直花园之间形成了一种连续性的特征。在两面植物绿墙之间，种植了玲珑冷水花的区域形成了赏心悦目的连接效果。

设计师们选择了 50 多个品种，总计 4500 棵的植物将两个垂直花园连接在一起。为了方便对绿墙进行管理，他们还采用了远程和集中管理措施，现场跟踪自动浇灌系统的运行状况，以防故障的出现。当种植的土壤干燥时，系统会直接对植物进行自动浇灌。

目前，在农业信贷银行资助的每个创业村中，所有的创业公司都能在开放式的创新生态环境中运营，并与众多的私有和公有合作伙伴展开合作。

01 | 在大绿墙下面召开会议
02 | 大绿墙的立面图
03 | 在与大绿墙相连的楼梯上看到的小绿墙

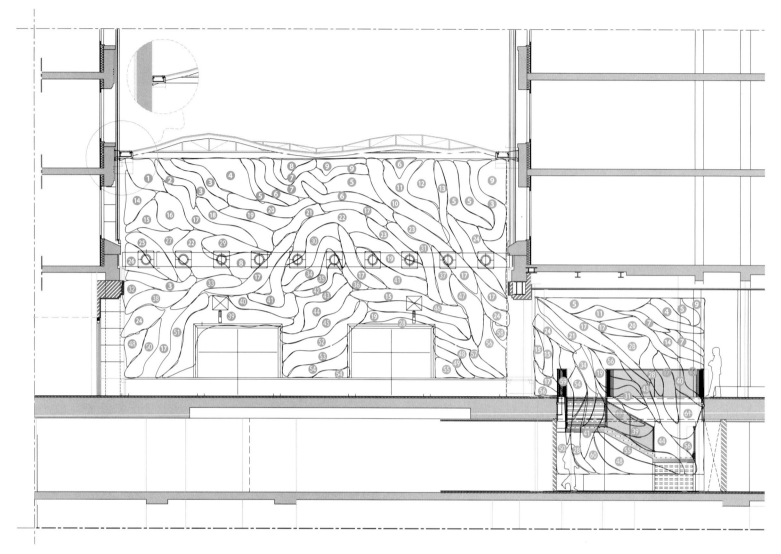

植栽搭配

① 纽扣蕨
② 书带木
③ 紫鸭跖草
④ 吊兰柠檬
⑤ 咖啡朱蕉
⑥ 红艳网纹草
⑦ 姬凤梨
⑧ 君子兰
⑨ 水塔花
⑩ 铁十字秋海棠
⑪ 吊兰
⑫ 星点木
⑬ 口红花
⑭ 虎耳草
⑮ 肾蕨
⑯ 红绿色帝王喜林芋
⑰ 婴儿泪
⑱ 花叶冷水花
⑲ 水晶花烛
⑳ 苘麻
㉑ 软枣金鱼藤
㉒ 紫鸭跖草
㉓ 君子兰
㉔ 蒙娜丽莎口红花
㉕ 海豚花
㉖ 蜈蚣草
㉗ 玻利维亚斑丝苇
㉘ 紫背万年青
㉙ 蟆叶秋海棠
㉚ 冷水花
㉛ 袋鼠蕨

㉜ 海芋
㉝ 唇柱苣苔（双心皮草）
㉞ 匍匐锦竹草
㉟ 万年青
㊱ 宝莲花
㊲ 唇柱苣苔（双心皮草）
㊳ 肉质茎秋海棠
㊴ 克里特粗肋草
㊵ 非洲堇
㊶ 虎斑秋海棠
㊷ 白鹤芋
㊸ 骨碎补
㊹ 千年健
㊺ 粗肋草
㊻ 银皇后粗肋草
㊼ 粗肋草
㊽ 红色粗肋草
㊾ 银带粗肋草
㊿ 银湾粗肋草
51 千年健
52 铁线蕨
53 槟榔
54 黄金葛
55 蜘蛛抱蛋
56 红爵士海棠
57 袖珍椰子
58 菱叶白粉藤
59 琴叶榕
60 麒麟叶属植物
61 星点藤

04 | 绿墙上植物的细节图案
05 | 绿墙安装完成之后数月的外观
06 | 刚刚完成安装的绿墙外观

塞西尔街 158 号

地点
新加坡

面积
11.5 公顷

竣工时间
2011 年

景观设计
狄艾拉设计 (S) 私营有限公司

摄影
阿米尔·苏丹

客户
首峰资金管理

获奖情况
2013 年，SILA 优秀金奖；2012 年，世界最佳垂直花园设计金奖，
世界绿色屋顶大会 (WGRC 杭州)；2012 年，在世界建筑节上入围年度景观；
2011 年，CBD 空中庭院 - 新加坡塞西尔街 158 号"建筑与自然"的融合项目，
获得空中绿化奖的一等奖

塞西尔街 158 号

在位于新加坡中央商务区更为老旧部分的塞西尔街 158 号，狄艾拉设计公司成功创造了人们走入宏伟建筑或者教堂才能体验到的敬畏感。他们利用鲜活的植物将实体和视觉元素整合在一起，在商业建筑内创建了一块绿洲。

建筑的结构支柱上覆盖着鲜活茂盛的植物，种植容器中长满了蔓性植物，加上中庭中高达 7 层的绿色端墙，将建筑与景观有机地整合为一体。这里一共种植了 14 个品种，多达 1.3 万盆的植物。每盆

植物都通过精密的灌溉系统进行滴灌，水源来自设在第 10 层的水箱。32 个灌溉区域确保了每棵植物都能根据品种的需要而获得精确的水量。安装在钢结构上的模块化面板，使每个花盆的拆卸和重新安装都极其方便。隐藏在绿墙和立柱后面的平台，为植物的维护工作提供了方便的进出通道。采用的高效、节能灯具可以模拟自然的光线，促进了植物的生长。这里的植物品种包括鸢尾花、齿状骨碎补属植物、金色喜林芋、心叶绿萝和"勃艮第"喜林芋。

01 | 通过垂直绿墙和层次分明的横向栽植的植物，该项目体现了设计者为了将建筑与景观完美结合，在探索不同的设计方法方面所做的不懈努力
02 | 那些通往绿墙的小桥被刻意设计成整体景观的一部分，它不仅可以作为绿墙的维护通道，本身也散发着迷人的魅力

① 倾斜的绿墙
② 维护通道
③ 原有的楼板
④ 原有的种植容器
⑤ 600 毫米 x530 毫米 x150 毫米带有粗糙纹理的混凝土预制板，获得了 La 认证（劳动安全认证）
⑥ 绿色立柱
⑦ 绿墙
⑧ 边界线 / 道路预留线
⑨ 新钢梁
⑩ 玻璃地面
⑪ 屋顶露台的木制地板

单数楼层标准平面图

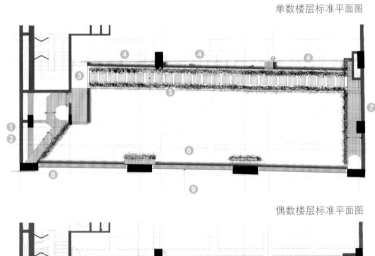

偶数楼层标准平面图

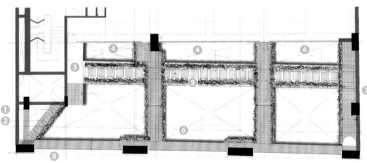

概念图

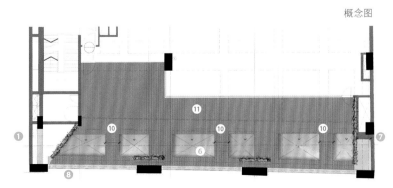

03 | 通过垂直绿墙和层次分明的横向栽植的植物, 该项目体现了设计者为了将建筑与景观完
美结合, 在探索不同的设计方法方面所做的不懈努力

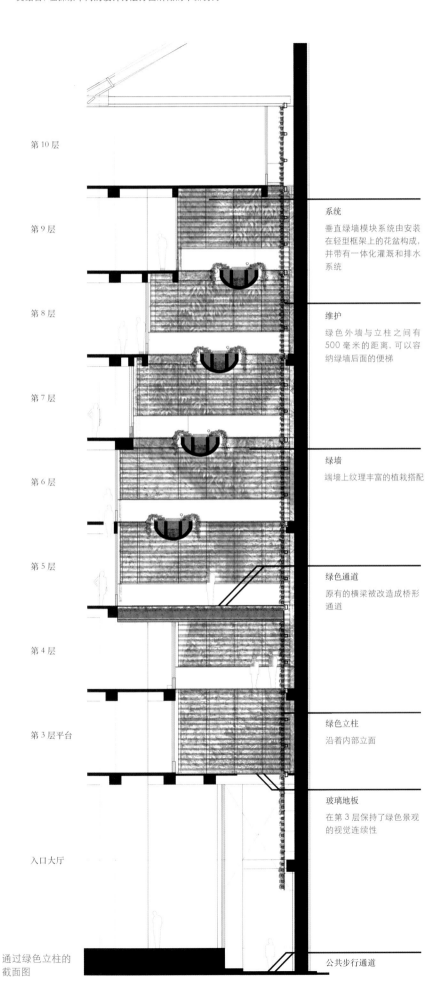

第 10 层

第 9 层

第 8 层

第 7 层

第 6 层

第 5 层

第 4 层

第 3 层平台

入口大厅

系统

垂直绿墙模块系统由安装
在轻型框架上的花盆构成,
并带有一体化灌溉和排水
系统

维护

绿色外墙与立柱之间有
500 毫米的距离, 可以容
纳绿墙后面的便梯

绿墙

端墙上纹理丰富的植栽搭配

绿色通道

原有的横梁被改造成桥形
通道

绿色立柱

沿着内部立面

玻璃地板

在第 3 层保持了绿色景观
的视觉连续性

通过绿色立柱的
截面图

公共步行通道

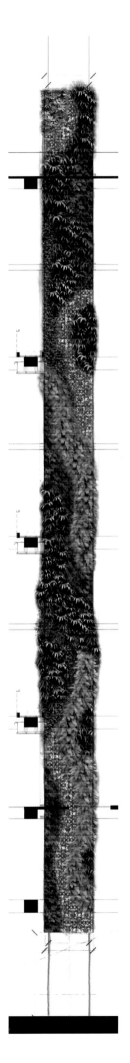

概念规划截面图

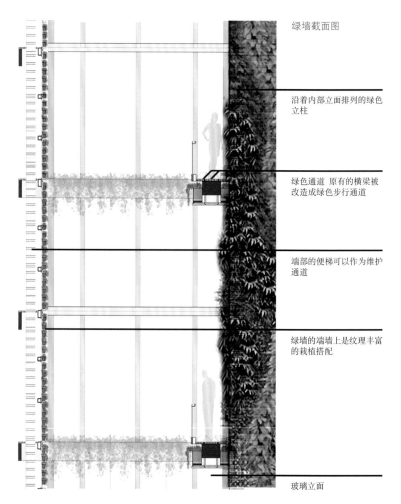

绿墙截面图

沿着内部立面排列的绿色立柱

绿色通道 原有的横梁被改造成绿色步行通道

端部的便梯可以作为维护通道

绿墙的端墙上是纹理丰富的栽植搭配

玻璃立面

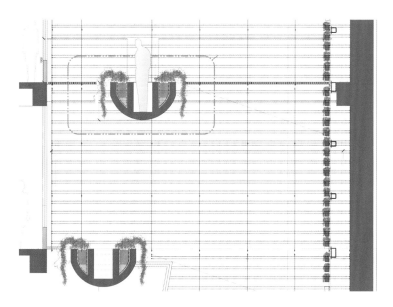

通过恢复后的圆形花盆的典型截面图

04 | 玻璃幕墙旁边的绿墙
05 | 景观与建筑相互融合、浑然一体，模糊了
这些看似无关的功能之间的界限
06 | 休息区域的绿墙

桥形通道处的截面图

G20 卢斯卡沃斯峰会

地点
墨西哥,下加利福尼亚半岛

面积
2800 平方米

竣工时间
2012 年

景观设计
FOM/ VERDE VERTICAL 事务所

摄影
VERDE VERTICAL 事务所

客户
FREE

01

这个垂直花园坐落在为迎接参加 G20 峰会的各国元首而建的会议中心内，已经成为这座建筑的主角和内外部肌肤，并成功地成为世界上最大的垂直花园。

设计师们选择了若干品种的植物在生命墙上进行栽种，并形成了多彩的条纹状图案，创造了多样化的美学元素，为建筑材料及其形成的表面增添了多姿的色彩。

内部的绿墙可以创造出小型的私密空间，人们在里面进行互动就如同置身于氛围亲密的花园之中。即使在如此规模庞大的多层建筑中参加会议、就餐和闲谈时，来宾们也会体验到美妙舒适的感受。外部的绿墙使整个建筑与室外的草坪和池塘融为一体，各国首脑可以在这里享受新鲜的空气和优雅的室外环境。

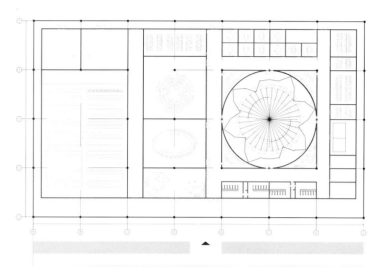

项目的建筑图纸

01 | 内部垂直花园的侧视图

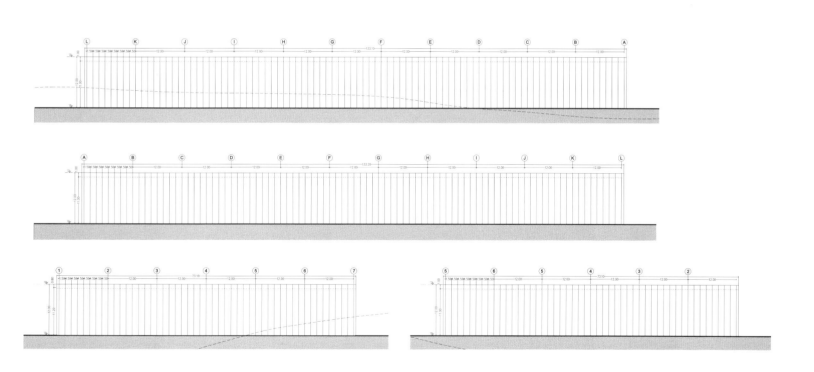

即将采用垂直花园的外墙立面

初步设计图

02

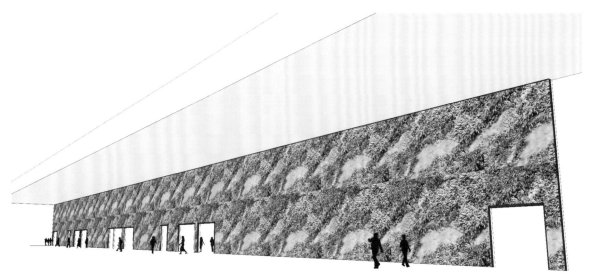

初步设计图

02 | 外部的花园
03 | 照明工程使垂直花园显得更光彩照人

达士敦路绿墙

地点
新加坡

面积
17 平方米

竣工时间
2016 年

景观设计
Greenology 私营有限公司

摄影
Greenology 私营有限公司

01

要改变空间内以灰色为主的乏味色调，一个有效的方法就是采用竖向绿化技术 (GVG)。这个位于达士敦路的特别的绿墙项目完美地证明了这一点。这面位于通风竖井中的绿墙几乎蔓延到了 6 米的高度，成功地克服了各种困难与挑战。

竖井的上半部分可以获得充足的自然光线，因此顶部的植被生长得既繁茂又美观。另外，在竖井的底部，为了使低光照和无光照条件下的植物达到最佳生长状态，设计师专门开发了绿化生长照明技

术 (GGL)，从而使竖井下半部分的绿墙与上半部分生长得一样茂盛。通过这项技术，之前那些被认为不适合植物生长的地方也可以进行绿化。

伴随着绿墙的另一项有趣设计是采用了鹅卵石作为内部地面的材料。这些鹅卵石使地面形成了良好的渗透性，从绿墙流下的水可以轻易地渗入地面，防止了水的滞留。

01 | 绿墙位于一个办公环境中封闭的通风竖井中

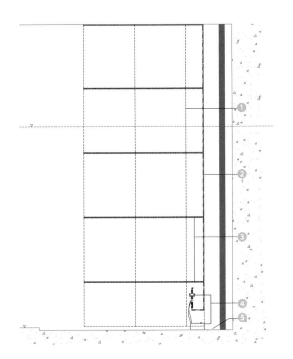

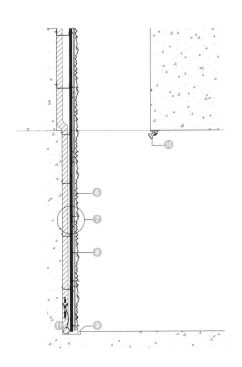

灌溉布局图

① 虚线表示含有纳米纤维、地工织物和地质网孔的 GVG 面板
② 点画线表示面板后面 16 毫米 HDPE 灌溉管线
③ 带有滴灌喷头的 16 毫米 HDPE 灌溉管线
④ 绿墙后面的灌溉计时器和灌溉施肥水箱
⑤ 排水孔排水系统
⑥ 含有纳米纤维、地工织物和地质网孔的 GVG 面板
⑦ 参考细节 C
⑧ 50 毫米 ×50 毫米空心部分
⑨ 完成的排水孔排水系统
⑩ Greenology 公司的 120 瓦 LED 生长照明灯（为室内绿墙配置）
⑪ 其他公司提供的装置和定时器

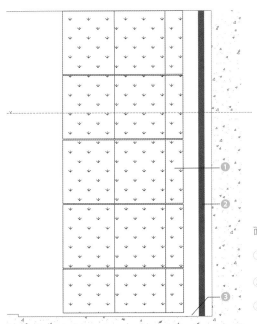

面板布局图

① 含有纳米纤维、地工织物和地质网孔的 GVG 面板
② 原有的雨水管道
③ 完成的排水孔排水系统

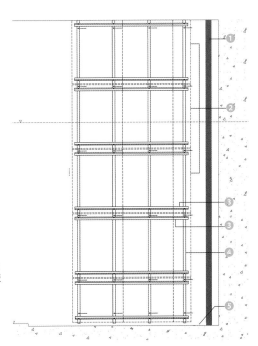

框架布局图

① 原有的雨水管道
② 虚线表示含有纳米纤维、地工织物和地质网孔的 GVG 面板
③ 空心部分的铝制 J 形缆车
④ 提供的 50 毫米 ×50 毫米空心部分
⑤ 完成的排水孔排水系统

02

植栽搭配

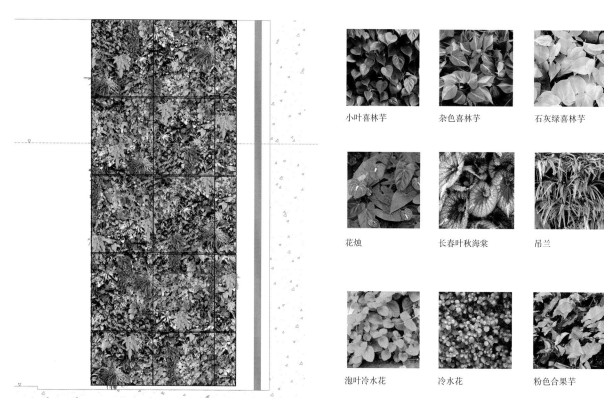

小叶喜林芋	杂色喜林芋	石灰绿喜林芋	维拉蕨
花烛	长春叶秋海棠	吊兰	窗孔龟背竹
泡叶冷水花	冷水花	粉色合果芋	星点藤

02 | 在二层绿墙对面安装了生长照明灯具，
    使下半部分的植物可以正常生长

03 | 拥有绿墙的办公环境为空间内的用户
    创造了优雅清净、温暖热情的氛围

04 | 绿墙的运用有助于让空间更为亮丽，
    摆脱灰暗色调的单调乏味

05-06 | 绿墙的上半部分通过顶部的天窗获得
    了充足的自然光线

独特的休息室

地点
德国，科隆

面积
300 平方米

竣工时间
2012 年

景观设计
帕特里克·纳多

摄影
赫尔维·特尼西恩

客户
spoga+gafa 园林博览会

这间独特的休息室是为德国科隆举办的 SPOGA 园林博览会而创建的。该博览会是世界首屈一指的休闲和园林领域商品交易博览会。休息室是一个为博览会提供不同服务功能的空间，可以作为约谈的地点、接待处，还可以作为会议室的等待和休息区域。为了给所有的参会者带来更佳的体验，设计师设计了匠心独具的竖向绿化空间。

无论从都市的角度，还是植物的角度看，这些结构形式都体现出半园林、半建筑的特点。包括地面、墙壁和天花板在内的所有建筑元素都与植物有机地结合在一起。休息室内摇曳着俏皮可爱的小百花，结构中的精美材料是用带有背光花卉图案的穿孔纸带制成的，这些元素都为这一空间增添了新颖奇特的氛围。

配有朴素白花的绿化设计不仅别具一格，还有助于参会者在那里得到真正的放松，在严肃的会议结束后可以在那里尽情享受自然的环境，甚至可以喝上一杯。竖向绿化的设计也为室内僵硬、乏味的表面注入了柔性和生机盎然的绿意。几乎人人都可以与这些植物

亲密接触，无论参会者行走在走廊，或是停留在休息区域，都可以亲手触摸这些一人多高的植物，品味它们的芳香。竖向绿化的设计元素在人们的四周如影随形、无处不在。

01 | 正视图显示出由高高悬挂的种植袋构成的真正的都市花园
02 | 正视图显示了栽有植物的屋顶

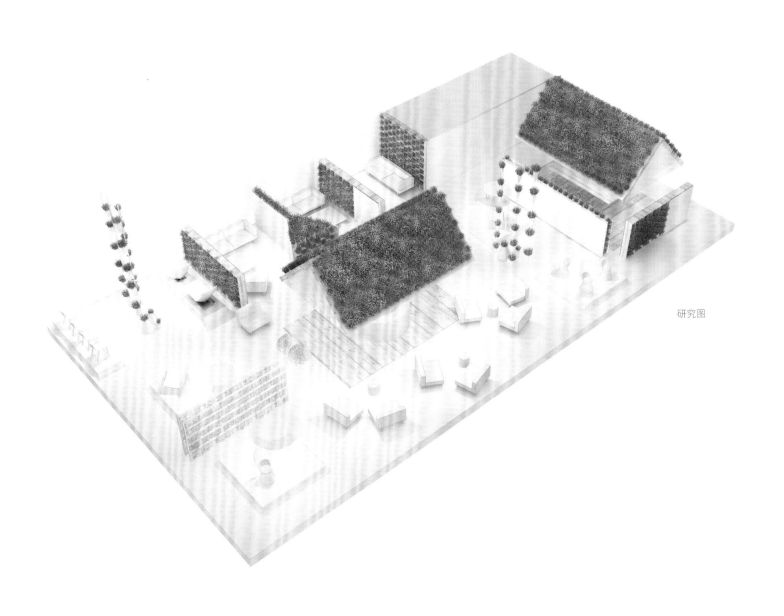

研究图

研究图

03 | 布满植物的墙壁
04 | 悬挂的种植袋构成了正宗版本的都市花园

研究图

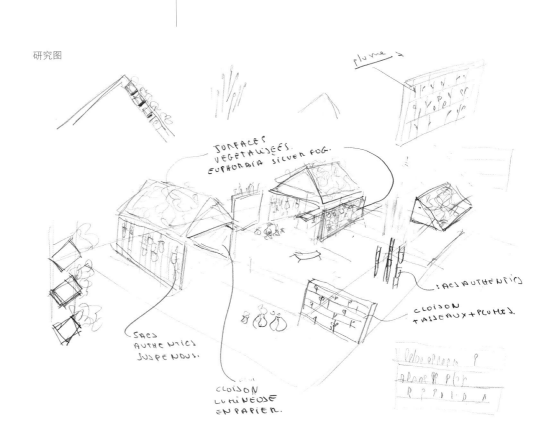

科利马酒店

地点
意大利，米兰

面积
60 平方米

竣工时间
2012 年

景观设计
Verde Profilo 事务所

摄影
Verde Profilo 事务所

客户
科利马酒店

这个位于米兰科利马酒店的绿墙项目包括一个室内垂直花园，为入口大厅增添了迷人的魅力。除了垂直花园给人们带来的各种兴奋感觉之外，这个 40 平方米的绿墙还不断地过滤着流动的空气。熟练的技术人员还建立了植物促进系统，保证了花园植物的正常生长。这一切都是与施肥灌溉系统密切相关的，该系统为花园植物提供了维持基本生长所需的养分。

一般情况下，用于灌溉的技术系统设置在距离垂直花园较近的地方，可以放在一个房间里，或者一个区域内，以便于后续的维护工作。它由肥料和一个与水箱连接的配送器构成，按照特定剂量和比率，将肥料输送到水循环系统中。

绿墙为科利马酒店内休息和畅饮的客人们带来了富于美感的变化，也有助于改善人们的健康和精神状态。绿墙可以过滤空气中的污染物，这些污染物是通过传统的通风系统定期排出建筑的。植物可以捕获通过空气传播的污染物，诸如灰尘和花粉等。还可以过滤有毒气体和来自于地毯、家具和其他来源的挥发性有机化合物 (VOC)。

01 | 带有水培系统的垂直花园
02 | 科利马酒店的大厅

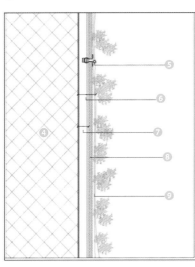

② section

02

① 引水点入口
② 引水点汇集
③ 地面或墙壁上的排放点
④ 垂直花园的挡土墙
⑤ 水平微灌溉管线
⑥ 结构的最大厚度为
　　50 毫米
⑦ 30 毫米 ×50 毫米
　　铝合金型材
⑧ 定制面板厚度为 10 毫米
　　的白色密封接头
⑨ 厚度 10 毫米的双层结构

结构布局

施肥灌溉系统布局

① 肥料箱
② 配送器
③ 进水管
④ 螺线管
⑤ 电力设备
⑥ 控制单元
⑦ 过滤器
⑧ 肥水出口

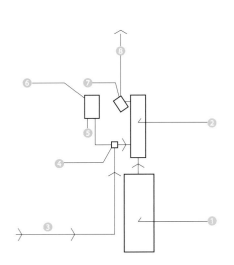

植栽搭配

波斯菊	金银花	冬青卫矛	飞蓬	南天竹	红花檵木
六道木	大萼金丝桃	岩蔷薇	天竺葵	富贵草	常春藤
麦冬	鼠耳草	山桃草	酢浆草	长春花	美女樱

绿色大教堂

地点
西班牙，马德里

竣工时间
2012 年

景观设计
Monamour 自然设计事务所，
克劳迪娅·博洛诺，凯瑟琳·格雷妮尔

摄影
菲利普·依姆博尔特

02

01 | 当你参观卡萨装饰时（A 面），首先映入眼帘的
就是有机墙壁
02 | 绿色大教堂的大厅里有很多"独家收藏"，从左到右依次为："蓝灯盒""宇宙花园""易
经符号第 11 卦——泰卦""五月玫瑰"，这些都是克劳迪娅·博洛诺的有机艺术品

绿色大教堂是对大自然的致敬和赞美。当设计师们被选定为卡萨
装饰展（西班牙最大的室内设计和装饰展）创建一个新的礼堂时，
他们决定利用这一机会实现这样一个梦想：创造一个即时的，但是
具有多重感知的有机建筑。它必须能够重新校准人类的各种知觉，
并对时间进行重新认识。它必须赞美自然生活的快乐，也必须对所
有人开放。

绿色大教堂是一个由一系列空间构成的场所，它是一种哲学、一种
感受、一种思维方式、一种行动、一种沉思的空间。在国际博览会
举行期间，绿色教堂就成为举办各种会议、专题讨论和研讨会、展
示以及聚会的场所。

通过与建筑师及艺术家克劳迪娅·博洛诺的合作，Monamour 自
然设计事务所已经创立了独树一帜的研究途径，体现了自然与有
机元素无穷无尽的组合形式。这些实验意在对"绿色"极其表达方
式的运用进行创新，探索材料运用的极限。绿色大教堂也表达了
对人类的敬意，以圆花窗为例，克劳迪娅·博洛诺在上面创造了 7
个半透明的手指状人体图像，其代表着人类细胞正在绽放。

Monamour 自然设计事务所一直对研究和创新有着浓厚的兴趣，
每一个项目都能成为将艺术、设计和建筑与自然相结合的独特精
品。对于室内景观，"绿色"不仅仅是一种装饰性元素，更是一种多
功能的有机装置，可以适应各种不同的功能需求，为我们潜在的客
户带来欣喜和愉悦。

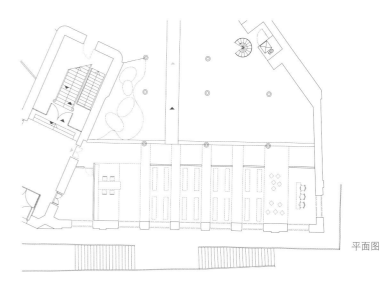

平面图

被称为"绿色界限"的有机屏风的 A 面和 B 面

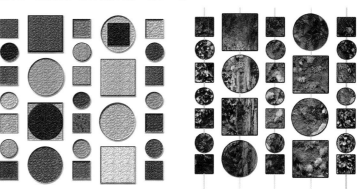

03 | 定制的模块化有机组件包括扁平的苔藓和青苔球，还有各种各样的受保护植物。根据项目、空间和／或敏感性以及客户的品位，这些组件可以进行改变以达到期望的三维和自然效果，设计师采用了蕨类植物、桉树、苋菜、常春藤等物种

04 | 定制的模块化有机墙侧视图

05 | 绿色大教堂与创意十足的垂直花园正面视图

06 | 3D 透视图

科林斯广场 4 号大厦

地点
澳大利亚，墨尔本

面积
463 平方米

竣工时间
2016 年

景观设计
澳大利亚 Fytogreen 公司

建筑师
伍兹·贝格建筑事务所

摄影
澳大利亚 Fytogreen 公司

客户
沃克公司

01

位于墨尔本的优质 A 级商业开发项目——科林斯广场 4 号大厦的绿墙是由澳大利亚 Fytogreen 公司建造完成的，它是该国最高、最大、气势最为恢宏的室内垂直绿墙。翠绿的植被高达 60 米，从中庭的第 7 层一直向上蔓延到第 20 层。这面生命墙采用了大约 13,890 株植物，使这座标志性建筑的自然氛围和环境大为改善。

Fytogreen 公司的常务董事杰夫·赫德说："完成这个项目是一个庞大的任务。我们不得不通过两个采用绳索滑轮系统的悬挂式载物台将面板传送到 7—20 层的每一层，以此方式一共安装了 826 块面板。所有的材料都必须吊装到相邻的 5 号大厦的第 7 层，然后在 12 天之内通过一个使用中的办公楼不断地将面板运送到施工地点。"

为了顺利移交，除了维护团队之外，Fytogreen 公司还组织了 10 个分别由 6 人组成的轮换团队，在每天下午进行检查、培训和整理面板的工作。

经过 23 年世界范围内的研究，Fytogreen 公司在轻便型、可持续性绿墙的设计、施工和维护方面已经成为首屈一指的企业。4 号大厦的项目中采用了 Fytogreen 公司研发的众多新技术。例如，灌溉系统具有报警功能；流量检测系统可以通过远程进行访问，并配有备份系统。此外还能与 BMS 和消防局的信息系统进行通信，从而确保全面的实时监测。Fytogreen 公司开发的滴灌施肥系统采用了法国多寿加药器 (Dosatron)，为绿墙供应水培营养物质。

杰夫提到："另一个重要的挑战就是植物品种的选择。这取决于有效的照明水平，通过使用 5600K 色温的金属卤化物灯具进行辅助照明，达到了 1500 勒克斯的最低照明需求。因此，所有能在室内低光照环境下生长的植物都能适合这个中庭内更为温暖湿润的条件。"这面绿墙一共采用了 18 个品种的 13,890 株植物，它们成了柯林斯广场开发项目中令人惊叹的地标。

01 | 在护栏处看到的室内绿墙

局部平面图

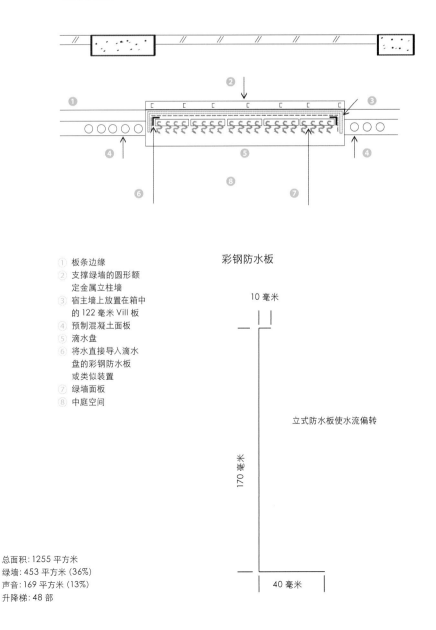

① 板条边缘
② 支撑绿墙的圆形额定金属立柱墙
③ 宿主墙上放置在箱中的 122 毫米 Vill 板
④ 预制混凝土面板
⑤ 滴水盘
⑥ 将水直接导入滴水盘的彩钢防水板或类似装置
⑦ 绿墙面板
⑧ 中庭空间

彩钢防水板

10 毫米

立式防水板使水流偏转

170 毫米

40 毫米

总面积：1255 平方米
绿墙：453 平方米 (36%)
声音：169 平方米 (13%)
升降梯：48 部

结果: 夏至到 12 月 21 日

结果: 冬至到 6 月 21 日

勒克斯

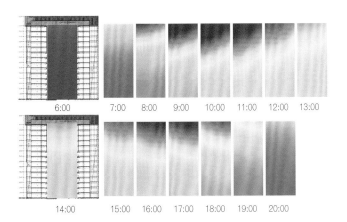

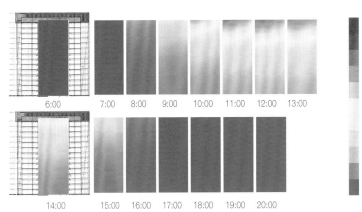

中庭墙壁的平均照明水平 (夏至)

中庭墙壁的平均照明水平 (冬至)

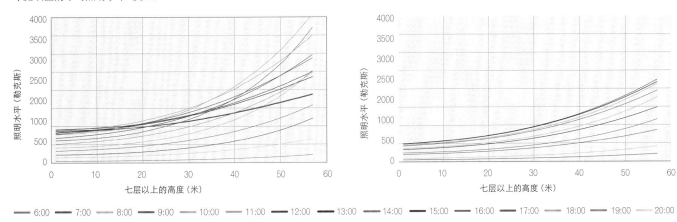

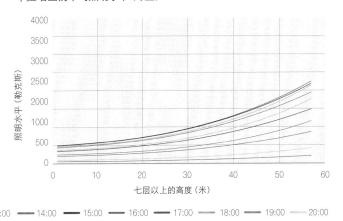

—— 6:00 —— 7:00 —— 8:00 —— 9:00 —— 10:00 —— 11:00 —— 12:00 —— 13:00 —— 14:00 —— 15:00 —— 16:00 —— 17:00 —— 18:00 —— 19:00 —— 20:00

光亮度

02 | 澳大利亚最高的室内绿墙
03 | 绿墙上的植物

重庆桃源居社区中心

地点
中国，重庆

面积
1 公顷

竣工时间
2015 年

首席建筑师
龚东 / 直向建筑设计事务所

景观设计
LAUR 工作室

摄影
苏胜亮

客户
深圳市航空城（东方）有限公司

重庆桃源居社区中心

01 | 鸟瞰绿色广场
02 | 鸟瞰绿色屋顶

该社区中心位于重庆桃园公园的重山之中。设计的出发点是尝试将建筑的轮廓与连绵起伏的地形融为一体。我们希望创造一个建筑造型与丘陵景观相融合的意境，而不是在山地上建造一个"物体"。绿色屋顶和绿墙有助于将建筑空间与自然环境相结合，并增强建筑罩面的导热系数。

在设计中，建筑内外部空间的关系也十分重要。文化中心、体育中心和公共卫生中心是三个重要的组成部分。连贯流畅的屋顶随着山地的形态波动起伏，将三个独立的建筑连接成一个统一的空间。同时，它还勾画出两个庭院：一个坡地花园和一个可以举办各种社区活动的绿色广场。由于多雨的天气，骑楼（阳台上的房子）在重庆的传统建筑中十分常见。在社区中心，这一类型的空间被改进为户外的循环系统。因此，众多的道路与两个庭院以及建筑的周边相互连通。通过巨大的开口和跨度，无论是在视觉关联上还是实体连接上，它们都将建筑的内部与外部紧密地联系在一起。

三个主体建筑都设有中庭，上面巨大的天窗可以使充足的自然光线进入空间内部。众多的开口、窗口、悬臂和走廊模糊了建筑内部与外部的分界，将整个空间与天空、山峦、树木、阳光与微风融合在一起，生动地形成了一个人文建筑与自然景观和谐共生的关系。

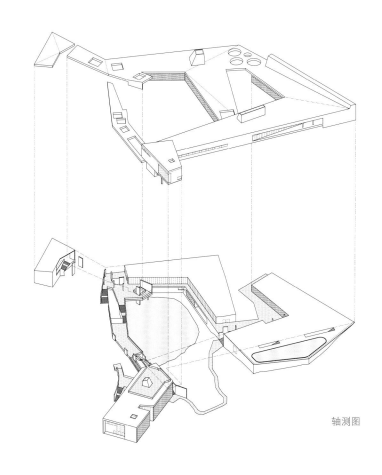

轴测图

03 | 俯瞰绿色屋顶和坡地花园
04 | 坡地花园
05 | 从阳台上看到的绿色广场

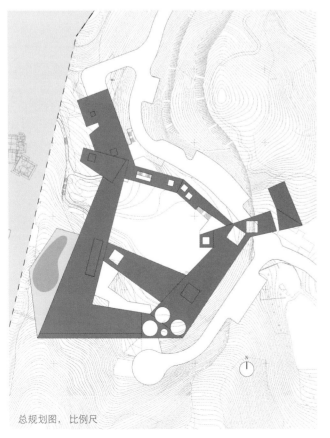

总规划图，比例尺

04

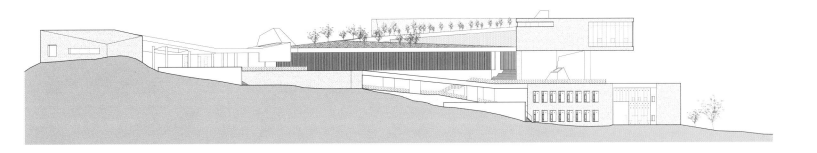

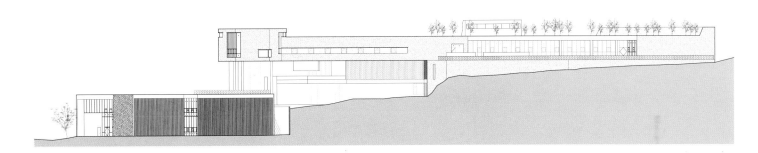

立面图

05

06 | 混凝土顶盖
07 | 混凝土顶盖下面的坡地花园
08—09 | 入口露台和中庭

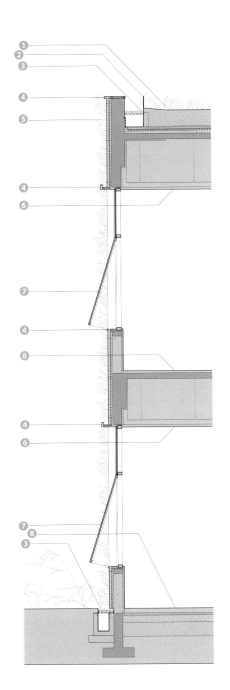

天窗

① 绿色屋顶
② 抗风化钢板
③ 深灰色鹅卵石
④ 裸露的混凝土
⑤ 防水白色涂料
⑥ 铝制边缘修饰
⑦ 绿墙
⑧ 深灰色的水磨石

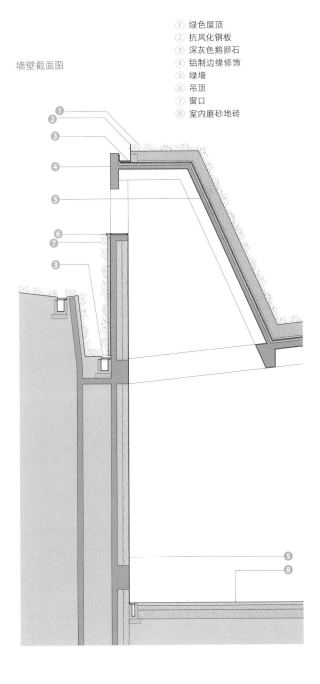

墙壁截面图

① 绿色屋顶
② 抗风化钢板
③ 深灰色鹅卵石
④ 铝制边缘修饰
⑤ 绿墙
⑥ 吊顶
⑦ 窗口
⑧ 室内磨砂地砖

新卢德门

地点
英国，伦敦

面积
7000 平方米

竣工时间
2015 年

景观设计
Gustafson Porter 设计事务所

摄影
Gustafson Porter 设计事务所

客户
英国地产证券集团

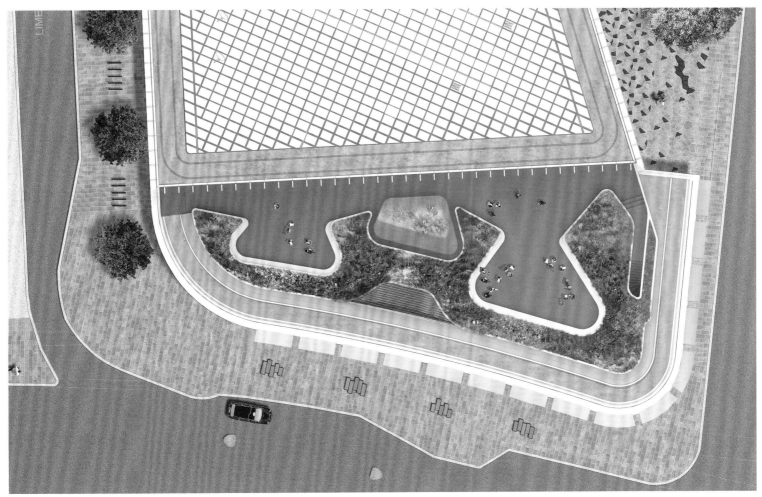

平面图显示出第五层的屋顶露台和周边的街景

01 | 第五层的屋顶露台拥有欣赏伦敦市区的视野
02 | 空中俯瞰整个开发项目

新卢德门1区和2区公共区域内的景观将新开发区自然和谐地融入周围的城市环境之中。精美的景观细节和装饰使这种过渡更为平滑，同时也便于对这个密集市区内的全新公共空间进行利用。一座新广场上设有通道的入口，通道将老贝利街和莱姆博纳巷连接在一起。在伦敦市区，隐藏着很多类似的通道，为人们创造了意想不到的美妙捷径。这条新的通道也标志着伦敦建筑从传统的约克石建材向非同寻常的暗色花岗石建材的转变。设计者在地面上设计了新奇大胆的铺设图案，将行人吸引到广场全新的核心区域。那里有一棵成熟的郁金香树，四周环绕着结实的花岗岩座椅，这些也是地面图案的扩展部分。街道设施和树木的布局增强了空间体验的感受，在热闹的城市中创造了一个崭新的聚会和集会空间。

住宅楼五层的屋顶露台朝向正南方，整个白天都沐浴在阳光的照耀之下。露台的边缘环绕着曲线造型的白色可耐力人造大理石座椅，不仅提供了充足的座位，还围绕出一个具有足够土壤深度、允许密集种植的区域和缓起伏的地面上种植着色彩丰富的多年生植物带，并分散、自然地点缀着观赏草坪。这些植物按照颜色和形态进行了分组：常绿并开出黄色花朵的大戟属植物，与高大的带有蓝色花穗的刺芹属植物、仙人球和紫苑形成了强烈的色彩对比；在葱属植物

高高摇摆的紫色花球映衬下，人们可以看到低矮小丘上绽放的百里香。所有这些都被羽状的观赏草环绕在其间。由于采用了多年生植物和观赏草的高低搭配，故创造了一个具有自然通透性的边界，为观赏圣保罗大教堂和远处伦敦市区的壮观景色提供了极佳的视野。

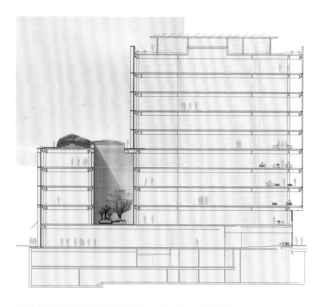

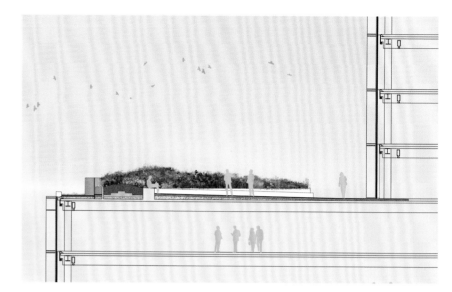

这两个截面图显示了屋顶花园和一层庭院采光井的位置

03 | 一层的庭院空间
04—11| 由古斯塔夫森·波特和鲍曼在卢德门栽种的植物

特雷沃斯住宅

地点
新加坡

面积
484 平方米

竣工时间
2015 年

建筑师
A D Lab 私营有限公司

摄影
川奈胜野 (Masano Kawana)

客户
乔纳森·蔡

特雷沃斯是一座半独立式住宅，位于新加坡一个植被茂盛的居住区一隅。虽然由于所处地点的原因而突出于大街的一旁，但是仍然被周围繁茂的雨树所遮蔽，周边环绕着安静的人行道。

AD Lab 私营有限公司的建筑师们认为，建筑应该是其周围环境平缓的延续。尽管在此过程中必须将地面上现有的花园移至他处，他们仍然渴望通过新建筑去迎合甚至放大这一区域美丽和宁静的氛围。这一愿望也是该地区精神的延伸，它那给人花园般的感受、柔和的韵律和安静的氛围为设计者带来了挑战。因为这一地区都是几世同堂的大家庭，业主对规划的需求十分大。

通过创建一个带有小型庭院并具有高度紧凑形式的建筑，为内部的中心区域带来了大量的自然光线和新鲜空气，从而实现了这一愿望并满足了业主的需求。为了替代已经被移走的花园，他们设计了

一个大型的花园式阳台，并以螺旋式上升的方式环绕在住宅外部立面的周围。阳台上种植了大量的绿色植物，并一直延伸到主屋顶，那里的绿色草坪将屋顶完全覆盖。这种将住宅环绕在绿化景观中的建筑表达方式，与该区域被安静的路边草坪和人行道环绕其中的方式产生了共鸣。

这些蜿蜒悠长的阳台不仅将住宅悄然融入周边环境之中，还可以作为每个房间的扩展区域，并将住宅的各类空间连接在一起，创造了一种连贯畅通的感受。因此，业主们不仅拥有一个花园般的舒适空间，整个家庭还可以在这里欢聚一堂。

01 | 具有螺旋动感的花园式阳台向上延伸，将住宅的外墙立面环绕其中

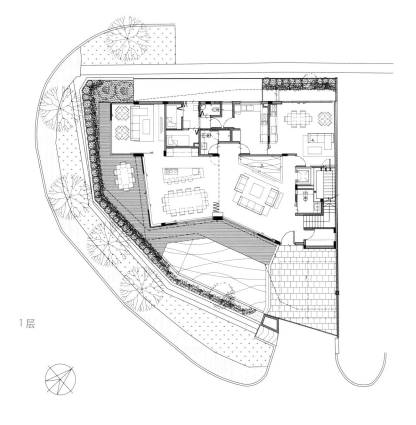

1层

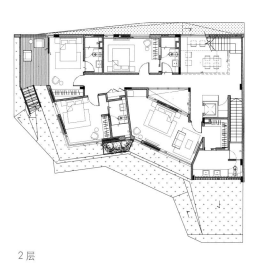

2层

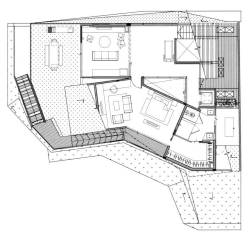

阁楼

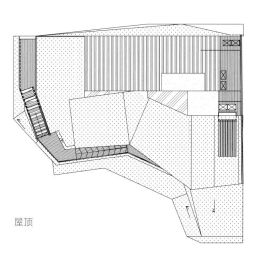

屋顶

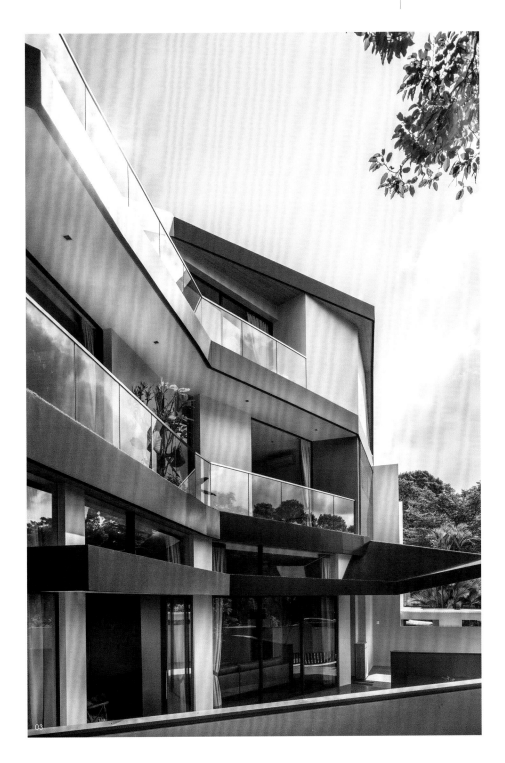

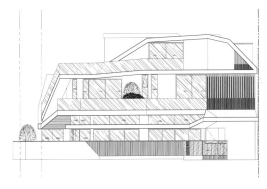

立面图 1

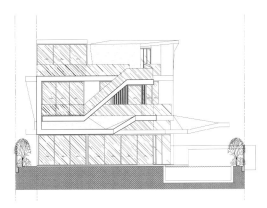

立面图 2

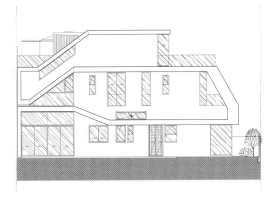

立面图 3

02 | 在交叉路口看到的绿树繁茂的居住区一角
03 | 环绕着住宅立面的阳台创造了一个花园式阳台，与周围的景观交相辉映

土壤中的工厂

地点
马来西亚，柔佛

面积
2.5 公顷

竣工时间
2013 年

景观设计
Win (Junichi Inada) 事务所

建筑师
Ryuichi Ashizawa 联合建筑师事务所

摄影
Kaori Ichikawa

客户
J.S.T. Mfg. 有限公司

该地位于马来西亚的柔佛,与热带丛林相邻。这是一个工厂的扩建项目,其设计方式意在超越传统工厂的概念,将该地的热带气候特征与文化元素结合在一起,创造一个令工人们引以为豪的工作场所,一个与自然环境和社会环境和谐共存的建筑。

该建筑为这个没有任何特色的地区带来了巨大的社会影响。当地人在维护文化纽带的同时,也为外资公司提供大量的劳动力,这是一个对立统一的社会问题。该项目包括了最初计划中并不需要,但是可能会产生附加价值的空间,诸如食堂、祈祷室和室外的步行道等。

从功能上看,该建筑主要由两部分组成:设有生产区域的平坦畅通空间和行政管理部门使用的主楼。在布局设计中,巨大的绿色屋顶作为一个连贯的整体从地面一直延伸到屋顶,将下面的空间隐藏。由于隔离了内部空间,能源效率也得到了改善。在生产区域内的结构布局中,林立着带有星形柱顶的六角形支柱,不仅与来自伊斯兰文化的阿拉伯风格图案十分相似,也让人联想到周围的丛林环境。

通过立柱内埋设的管道,从绿色屋顶收集来的雨水被导入底下的蓄水池中,用于植物的浇灌。轻拂的微风和流入池塘的细流,为内外部区域之间的过渡空间带来了清凉的气息。

为了尽可能减少人工照明的需求,通过设计使工厂内部空间获得的自然光线达到了最大化,同时还使内部空间免受过多的太阳辐射。在计算机模拟技术的帮助下,精确计算出反射和漫反射日光的需求量,并通过整合在阿拉伯风格图案中的反射面板进行控制。

建筑的外部立面上覆盖着由线网和藤蔓构成的绿化系统,形成了一个屏蔽太阳辐射的自然保护层,并塑造出垂直绿墙的造型。由于高度差的原因,从高层建筑到较低层空间具备了自然通风的条件,在温差和气压差的作用下形成了气流。

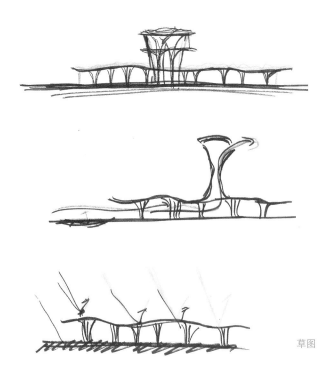

草图

01 | 鸟瞰图

总平面图

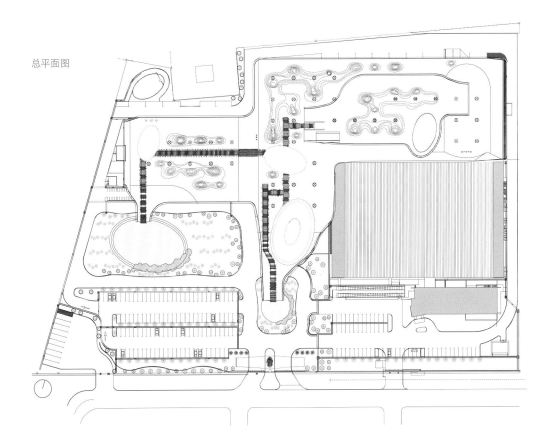

示意图

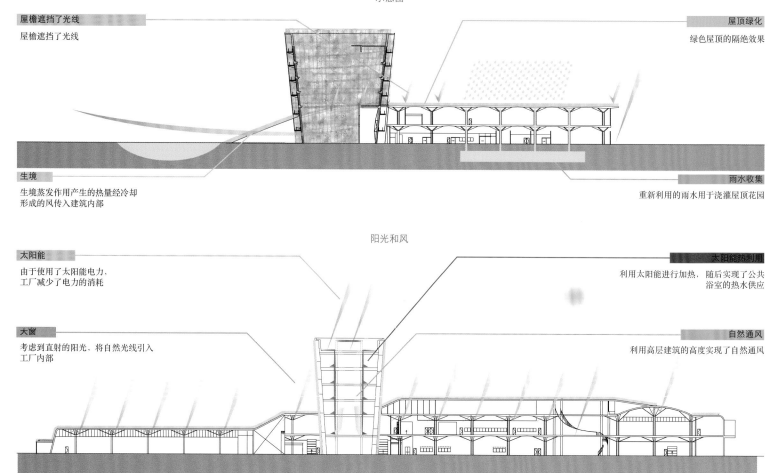

屋檐遮挡了光线

屋檐遮挡了光线

屋顶绿化

绿色屋顶的隔绝效果

生境

生境蒸发作用产生的热量经冷却
形成的风传入建筑内部

雨水收集

重新利用的雨水用于浇灌屋顶花园

阳光和风

太阳能

由于使用了太阳能电力，
工厂减少了电力的消耗

太阳能热利用

利用太阳能进行加热，随后实现了公共
浴室的热水供应

大窗

考虑到直射的阳光，将自然光线引入
工厂内部

自然通风

利用高层建筑的高度实现了自然通风

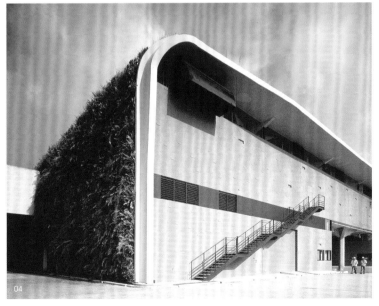

02 | 从池塘看到的绿色主楼
03 | 绿色屋顶
04 | 东南角
05 | 绿色外墙

06

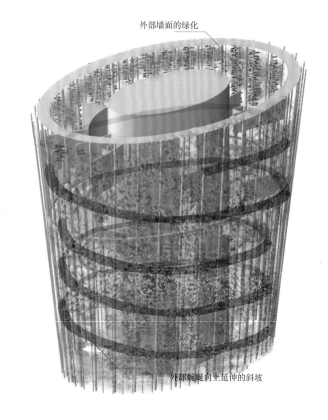

外部墙面的绿化

外部蜿蜒向上延伸的斜坡

办公楼示意图

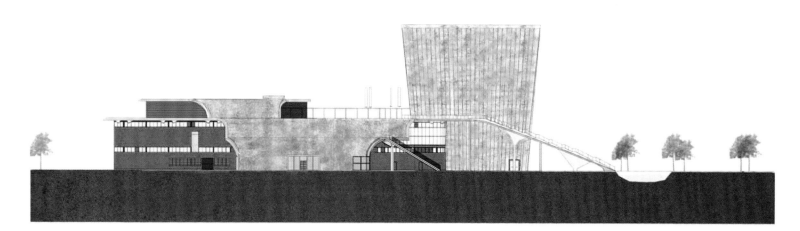

南侧立面图

06 | 绿色外墙的夜景
07 | 绿色斜坡的内部
08-09 | 绿色斜坡的侧视图

皮克林皇家公园酒店

地点
新加坡

面积
1.5 公顷

竣工时间
2014 年

景观设计
狄艾拉设计 (S) 私营有限公司

摄影
阿米尔·苏丹

客户
UOL 集团

获奖情况
2015 年的国家公园局卓越景观评估框架 (LEAF); 2013 年的新加坡总统设计奖;
2013 年, 皮克林皇家公园酒店获得年度设计奖;
2013 年, 皮克林皇家公园酒店获得空中绿化大奖, 优秀大奖;
2013 年, 皮克林皇家公园酒店获得 SILA 优秀金奖;
2013 年, 皮克林皇家公园酒店获得 SILA 优秀杰出奖

皮克林皇家公园酒店位于中央商务区 (CBD) 以西的一块狭长地带上，与唐人街和克拉克码头相毗邻。狄艾拉设计公司利用一切机会，再现了热带地区植物繁茂的特色，使酒店的客人享有花园般的感受。

这里栽种的植物多达 52 种。设计策略的重点是通过绿化将建筑周边的芳林公园、裙楼停车场以及公共区域有机地统一起来。通往空中花园的开放式通道设置在建筑的第 4 层。这里一共栽植了 350 棵遮阴树和棕榈树，其中前者包括 6 个品种，后者包括 5 个品种。此外，设计师还采用了 20 个品种的灌木和开花植物。在建筑的第 1 层，用 10 个品种的植物组成了绿墙。从第 6 层到 15 层之间，一共栽植了 11 种不同的植物。酒店的南侧与公共住房发展委员会的公寓所在街区正对，犹如瀑布一样垂直而下的越南叶下珠布满了墙面，使酒店后部外墙立面的曲线造型更为突出。这里的植物包括两种当地树种，分别是倒卵形桃榄属植物和阴生杪椤。此外，

还有牛角君木、苣蓿和琴叶榕等其他的品种。灌木和地被植物则选用了鸟巢蕨、尖羽肾蕨、瘤蕨和齿状骨碎补属植物。其他的热带植物主要包括蓬莱蕉、观音莲和蓝花蕉。

精心策划和实施的园林设计、水景设计以及绿色植物的搭配，为城市高层建筑提供了一种替代性的可持续发展途径。每层空间充足的自然光线和新鲜空气减少了对空调设备的依赖。由于不能依靠自然生态过程维持生长，所以在收集的雨水中加入了肥料，以促进所有景观区域内的植物生长。从上部楼层收集的雨水依靠重力流入低层建筑的种植容器，可以实现灌溉的功能。而水景则采用了新生水和非饮用水。

在屋顶，所有的灯具和软景观照明系统均采用太阳能电池供电，因此，这个景观区域成为新加坡第一个零耗能的空中花园。

01 | 纵横交错的绿色植物体现了自然元素在该项目中的突出地位

概念图 1

02 | 建筑的形式表达元素包括犹如等高线般的曲线造型、

03 | 各种空隙和凹进以及繁茂的绿色植被建筑语言体现
了自然造型和人造物体的有机结合

04 | 为了植物在这些环境中茁壮生长而创造的空间

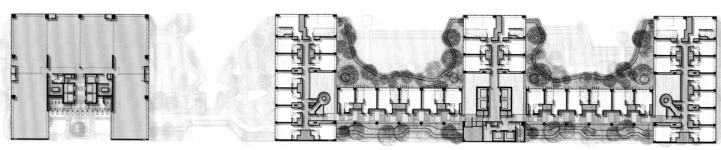

概念图 2

这是一种将毗邻的绿色植物景观竖向延伸到整个建筑的概念，并通过环绕在整个建筑下半部分外
墙上的等高线轮廓造型、各种露台和景观平台等自然表达元素进行了探索尝试。建筑的边缘长满了
青翠欲滴的热带植物。

05 | 不同楼层的露台花园
06 | 在楼下的地面上，一条公共步行通道穿过由水
　　景和树木构成的半户外景观区域
07 | 青葱的绿色植物与邻近的芳林公园彼此相映，
　　使酒店内的客人在视觉上得到放松舒缓

概念图 3

三亚 5 号地块度假村

地点
中国，三亚

面积
1.1 公顷

竣工时间
2018 年

景观设计
**NL 建筑事务所, Pieter Bannenberg,
Walter van Dijk, Kamiel Klaasse 设计团队
Gen Yamamoto and Bobby de Graaf Zhongnan Lao, Pauline Rabjeau
（第二阶段设计）, Yajing Huang, Ana Gavilanes, Antariksh Tandon（第一阶段设计）**

摄影
NL 建筑事务所

客户
万科房地产开发有限公司

5号地块是度假区开发的一部分，该项目覆盖8个街区，由6层高的酒店构成，并在第一层设有餐厅、酒吧和零售店。

双层高度的复式房间一直延伸到室外，形成了一个美妙的阳台，既宽敞又具有亲密的氛围，可以作为一个室外的客厅。我们设想那里会有一个露天厨房，与露台齐平的带有淋浴功能的热水浴缸也会设在那里。

酒店的每个房间都拥有一个巨大的三角形"花盆"，它们共同创造出具有韵律和动感的造型图案。枝叶繁茂的绿色植物不但提高了房间的私密性，起到了遮阳和降温的作用，还营造出自然环境的氛围。

由于城市的巨大吸引力，几乎整个人类都要涌入这狭小的都市空间，因此城市中的绿化空间面临着巨大的压力。随着城市化步伐的加快，显然会牺牲大量的绿地作为城市发展的用地。但是，那些色彩各异的都市建筑真的比绿色植物更有价值吗？对此重新评估的时机已经成熟：绿色显然是至关重要的，甚至是无价的。于是，问题就变成了我们在提高城市生活质量的同时，如何拯救脆弱的城市绿地。令人激动和兴奋的是，在全球范围内，绿色植物发挥着日益重要的作用。无数的建筑项目以鲜明强烈的方式表达了对大自然的赞美。

绿色屋顶的运用可以实现蓄水功能，不仅在暴雨季节可以缓解污水排放系统的压力，防止其功能崩溃，还降低了热岛效应，有助于控制室内的温度状况。城市建筑的外观立面变成了垂直公园，空中花园逐渐成为主流模式，而都市农业也成了现实。

阳台也可以成为一个花盆，就像三亚5号地块项目中那样，起到遮阳、降温和保护私密性的作用。此外，阳台花园还可以通过吸收微型颗粒来降低空气污染的程度。阳台不仅为我们带来放松休闲的感受，也起到了屏蔽噪声干扰的作用。

01 | 三亚5号地块的街景
02—03 | 不同楼层的阳台
花园侧面视图
04 | 鸟瞰视图

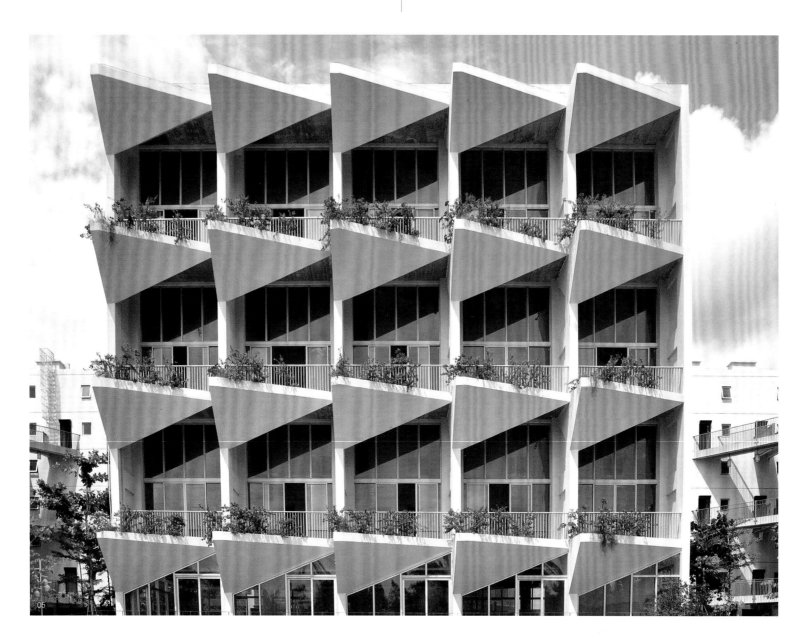

05

05 | 阳台花园
06 | 树木庭院上方的桥
07 | 树木和花园交相辉映,为彼此增添了多姿的色彩

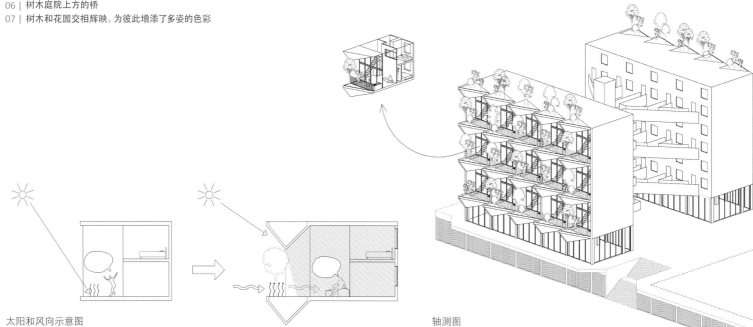

太阳和风向示意图　　　　　　　　　　　　　　　轴测图

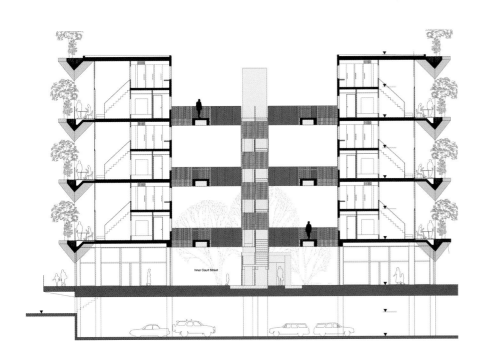

截面图

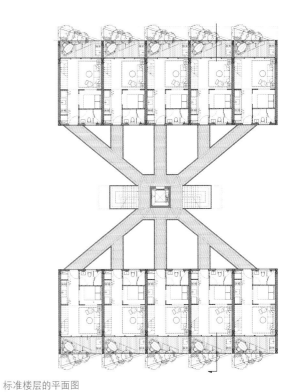

标准楼层的平面图

单元平面图

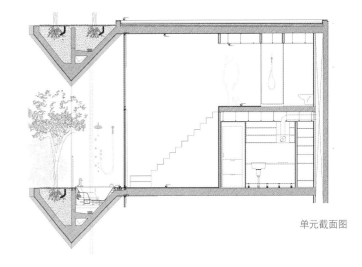

单元截面图

茹拉之家

地点
法国，茹拉

面积
134 平方米

竣工时间
2014 年

景观设计
Julien De Smedt 建筑事务所

摄影
朱利安·拉努

客户
François Bouillot

由于该地位于一个僻静的乡村，设计师们期望设计一个与自然景观融为一体的住宅。在内部，设计师不仅将生活空间最大化，还把丘陵和山地的特色蕴含在设计之中。在外部，住宅与周围的山色浑然一体，最大限度地降低了建筑对环境的视觉冲击，使其看上去仿佛自然随意地出现在山坡之上。

设计师将这个项目设计得犹如一个观赏风景的窗口，像电视屏幕一样不断地展现着山谷的风貌。主要的生活空间朝向外部的景观开放。通过宽敞明亮的空间，设计师们将群山环抱的美景融入住宅中的每一个角落。住宅和谐地融入自然景观之中，并将视觉影响降至最低。同时还在环绕的山峦中创造了优雅的波动起伏造型。

这所住宅一共分为两层，一层设有三间阳面的卧室，北面是卫生间和储藏空间。住宅的屋顶和两侧的立面以及背面都嵌入山丘的草地中。绿色的外墙和屋顶为住宅内部提供了冬暖夏凉的舒适环境。

在花园层上，划分了开放空间、客厅和厨房区域。经过一扇朝南的大型凸窗可以通往巨大的木制露台。住宅的屋顶与地面相接，不仅可以方便地登上屋顶，还保持了周围景观的连贯性。住宅以混凝土结构为主，外墙覆盖着金属包层，这使得楼层板形成的曲线造型更为突出。

01 | 茹拉之家的全景图

立面图

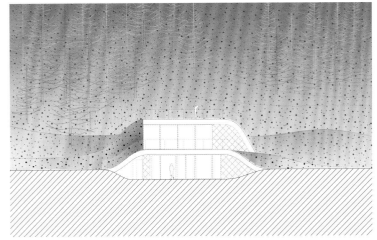

地下室 01

地下室 02

截面图

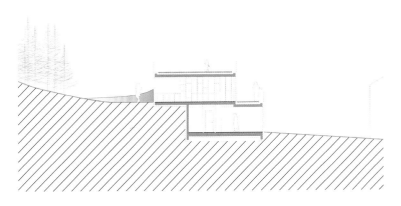

地面层

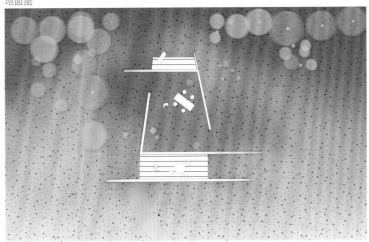

02 | 茹拉之家位于法国茹拉地区一个叫作布瓦达蒙的小村庄
03 | 茹拉之家远离街道，依偎在自然风光之中
04 | 突出部分在自然景观中极不显眼，将视觉冲击降至最低
05 | 住宅镶嵌在一块陡峭的山坡上

Zeimuls 创意服务中心

地点
拉脱维亚, 雷泽克内

面积
4400 平方米

竣工时间
2014 年

景观设计
SAALS 事务所, Rasa Kalnina, Maris Krumins

摄影
Jevgenij Nikitin, Janis Mickevics, Ingus Bajars

客户
雷泽克内市议会

在雷泽克内城堡山丘附近区域举行的建筑竞赛中，提交的一份方案成为该建筑的灵感和构思来源。该市希望为儿童和青年人创建一个具有创新性和创造性的环境，从而激励年轻人学成毕业之后能够重新回到雷泽克内安家立业，为城市带来新的发展动力和崭新的时代面貌。

市中心边缘地带的景观十分引人注目，正对着一个古老的城堡山丘，还有国家保护的中世纪遗址，目前这里已成为该市的旅游景点。正是这一地区本身的特点决定了建筑应该深入地面之下，作为第五立面——呈三角形的绿色屋顶应当成为建筑的主要特色。所有的屋顶空间都覆盖着绿色植物，仿佛铺了一层绿色的地毯。通过绿色的屋顶，整个建筑与周围的景观完美地融为一体，蜿蜒环绕着雷泽克内的古老山丘。在山丘上，可以观赏那些绿色屋顶的壮观景色。屋顶上铺设的倾斜草坪与地面的夹角达到25度，有效地缓解了屋顶的压力，创造了一个安全、持久的景观解决方案。

这是一个暴露的整体混凝土结构建筑，并在外部涂有灰泥。尽管大部分的房间采用了长方形的平面布局，但是天花板上引人注目的

混凝土结构暴露在外，加上造型各异的窗口，令这些内部空间显得别有洞天、异彩纷呈。绿色屋顶的造型不仅为儿童带来了安全感和保护感，还通过各种开口为内部的房间、大厅、走廊带来了充足的自然光线。而在外部观看，它散发出的光芒为黑夜增添了神秘的色彩。在地面上还设有一个氛围亲密的内部庭院，为距离地表更远的活动空间注入了大量光线。在建筑周围的景观美化中，无论是暴露的混凝土结构还是绿色的墙面，都延续了屋顶的几何造型原则，并在每一个细节上精雕细琢，体现出令人惊叹的艺术格调。这个新建筑不仅成为现有景观中不可或缺的一部分，甚至成为当地传说和童话故事的一部分，激发了公众的想象力。这是一个堪称典范的当代设计，它产生于实体环境和情感意境，源自于地方精神和传统原型，为孩子们提供了一个温馨亲切的全新环境。

整个建筑几乎沉入地下，加上倾斜的绿色屋顶，歪歪扭扭的大楼以及曲线造型的外部结构，这个崭新的设施令当地的景观焕发了活力。虽然面积达6000平方米，然而这个建筑却给人以人性化和质朴的感受，与市中心历史悠久、规模较小的建筑相得益彰。

01 | 绿色屋顶使建筑完美地融合到周围的景观之中

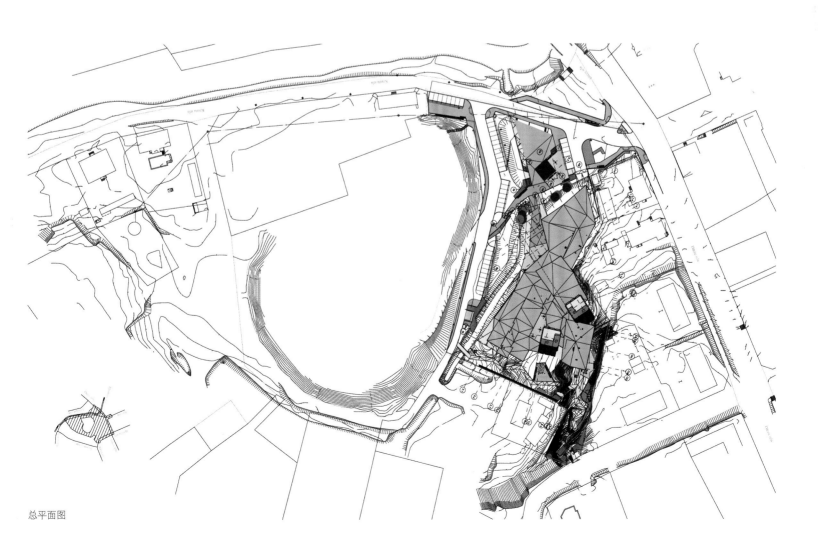

总平面图

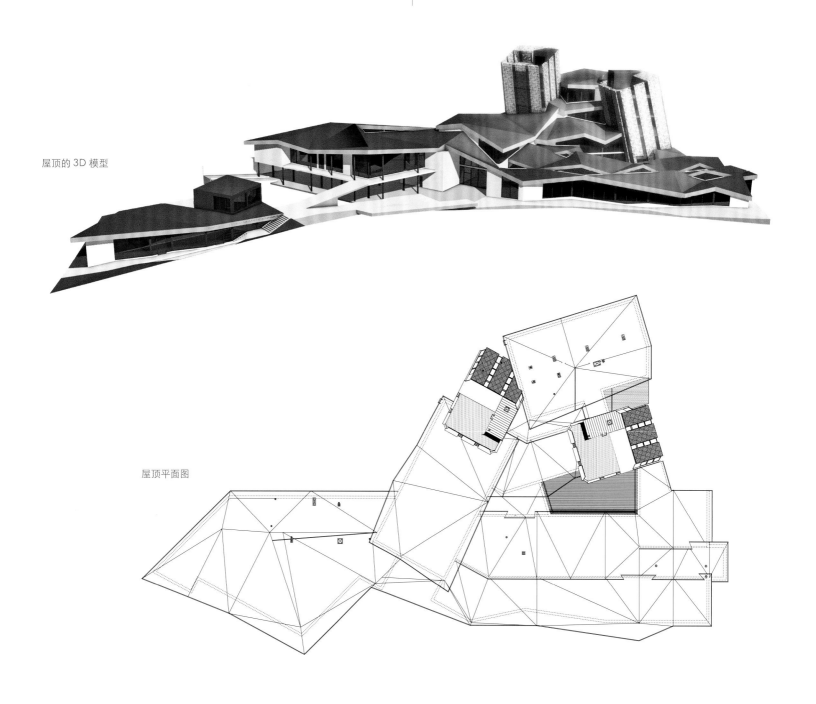

屋顶的 3D 模型

屋顶平面图

02 | 所有的屋顶空间都覆盖着绿色植物，犹如铺设了一层地毯
03 | 绿色屋顶和歪扭的大楼细节
04 | 呈现三角形的绿色屋顶形成了建筑的第五个立面

索引

A D LAB pte ltd.
P210
Website: www.a-dlab.com
Telephone: +65 6346 0488
Email: admin@a-dlab.com

Airmas Asri
P80
Website: www.airmasasri.com
Telephone: +62 21 31906688
Email: sisca@airmasasri.com

Antonio Maciá A&D
P126
Website: antoniomacia.com
Telephone: +687 921 677
Email: estudio@antoniomacia.com

CHANG Architects
P104
Website: www.changarch.com
Telephone: +65 62718016
Email: enquiry@changarch.com

Fránek Architects
P92
Website: www.franekarchitects.cz
Telephone: +420 608 245 414
Email: press@franekarchitects.cz

Frederic Haesevoets Architecte
P98
Website: Frederic Haesevoets Architecte
Telephone: +32 498 50 6641
Email: info@frederic-haesevoets.com

Fytogreen Australia
P150, 196
Website: fytogreen.com.au
Telephone: +1300 182 341
Email: lisa@fytogreen.com.au

Greenology Pte Ltd
P40, 122, 130, 182
Website: www.greenology.sg
Telephone: +65 6214 1140
Email: beverley@greenology.sg

Gustafson Porter
P206
Website: www.gustafson-porter.com
Telephone: +44 0 207 284 8950
Email: PFunk@gustafson-porter.com

Ho Khue & Partners
P86
Website: www.alpes.vn
Telephone: +84 511 3681 235
Email: khue.ho@alpes.vn

Horst Architects
P56
Website: www.horst-architects.com
Telephone: +949.494.9569
Email: +949.494.9569

Jardins de Babylone
P168
Website: http://www.jardinsdebabylone.fr/
Telephone: +33 1 4041 9040
Email: contact@jardinsdebabylone.fr

JDS ARCHITECTS
P230
Website: www.jdsa.eu
Telephone: +32 2 289 0000
Email: press@jdsa.eu

Liko-S
P92
Website: www.liko-s.cz
Telephone: +420 5 4422 1111
Email: info@Liko-S.Cz

Monamour Natural Design
P192
Website: www.monamournaturaldesign.wordpress.com
Telephone: +34 915.214.744
Email: denis.b@monamour.net

NL Architects
P226
Website: www.nlarchitects.nl
Telephone: + 31 020 620 7323
Email: office@nlarchitects.nl

Paisajismo Urbano S.L
P126
Website: www.paisajismourbano.com
Telephone: 34 965 688 134
Email: info@paisajismourbano.com

Patrick Blanc
P160
Website: www.verticalgardenpatrickblanc.com
Email: presse@patrickblanc.com

Patrick Nadeau

P186

Website: patricknadeau.com
Telephone: +33 06 0706 3817
Email: patrick@patricknadeau.com

PAUL CREMOUX studio

P164

Website: www.paulcremoux.com
Telephone: +52 55 5668 0659
Email: info@paulcremoux.com

RYUICHI ASHIZAWA ARCHITECTS & associates

P214

Website: www.r-a-architects.com
Telephone: +06 6485 2017
Email: raa@r-a-architects.com

SAALS

P234

Website: www.saals.lv
Telephone: +371 26 357 053
Email: info@saals.lv

Sanitas Studio

P50

Website: sanitasstudio.com
Telephone: +662 279 1118
Email: admin@sanitasstudio.com

Seasons Landscaping

P56

Website: www.seasonslandscaping.com
Telephone: +949.887.7738
Email: info@seasonslandscaping.com

Shma Company Limited

P60

Website: shmadesigns.com
Telephone: +662 390 1977
Email: admin@shmadesigns.com

Sitetectonix Pte Ltd

P116

Website: www.stxla.com
Telephone: +65 6327 4452
Email: info@stxla.com

Somdoon Architects

P50

Website: www.somdoonarchitects.com
Telephone: 66 2390 1699
Email: pr@somdoonarchitects.com

Stefano Boeri Architects

P110, 112

Website: www.stefanoboeriarchitetti.net
Telephone: +39 02 3651 3132
Email: giulia@54words.net

Tierra Design (S) Pte Ltd

P70, 154, 172, 220

Website: www.tierra.com.sg
Telephone: +65 6334 2595
Email: jiahao@tierra.com.sg

Vector Architects

P200

Website: www.vectorarchitects.com
Telephone: +86 10 6516 7798
Email: hr@vectorarchitects.com

Verde Profilo

P190

Website: verdeprofilo.com
Telephone: +39 039 653 081
Email: staff@verdeprofilo.com

VERDE VERTICAL

P66, 134, 138, 142, 146, 158, 178

Website: www.verdevertical.info
Telephone: +55.4168.6044
Email: fom@verdevertical.com.mx

Vo Trong Nghia Architects

P34, 46, 74

Website: www.votrongnghia.com
Telephone: +84 43 736 8536
Email: pr@vtnaa.com

WOHA

P116

Website: www.woha.net
Telephone: +65 6423 4555
Email: pr@woha.net

图书在版编目(CIP)数据

竖向绿化／(越)武重义,(日)丹羽隆志编;付云伍译.—桂林:广西师范大学出版社,2017.10
ISBN 978-7-5495-9973-8

Ⅰ.①竖… Ⅱ.①武… ②丹… ③付… Ⅲ.①城市-绿化-研究 Ⅳ.①S731.2

中国版本图书馆 CIP 数据核字(2017)第 220259 号

出 品 人:刘广汉
责任编辑:肖 莉
助理编辑:于丽红
版式设计:张 晴 吴 迪

广西师范大学出版社出版发行

(广西桂林市中华路22号 邮政编码:541001)
(网址:http://www.bbtpress.com)

出版人:张艺兵

全国新华书店经销

销售热线:021-31260822-882/883

上海利丰雅高印刷有限公司印刷

(上海庆达路106号 邮政编码:201200)

开本:635mm×1 016mm 1/8

印张:30 字数:80 千字

2017 年 10 月第 1 版 2017 年 10 月第 1 次印刷

定价:258.00 元